行为心理学

一分钟读懂他人小动作背后隐藏着的秘密

牧之◎著

台海出版社

图书在版编目（CIP）数据

行为心理学 / 牧之著. -- 北京：台海出版社，
2017.3

ISBN 978-7-5168-1322-5

Ⅰ.①行… Ⅱ.①牧… Ⅲ.①行为主义 – 心理学 – 通

俗读物 Ⅳ.①B84-063

中国版本图书馆CIP数据核字(2017)第041023号

行为心理学

著　　者：牧　之	
责任编辑：王　品	装帧设计：久品轩
版式设计：阎万霞	责任印制：蔡　旭

出版发行：台海出版社

地　　址：北京市东城区景山东街20号　　邮政编码：100009

电　　话：010 – 64041652（发行，邮购）

传　　真：010 – 84045799（总编室）

网　　址：www.taimeng.org.cn/thcbs/default.htm

E – mail：thcbs@126.com

经　　销：全国各地新华书店

印　　刷：保定市西城胶印有限公司

本书如有破损、缺页、装订错误，请与本社联系调换

开　　本：150×210　1/32

字　　数：108千字　　　　　　　印　　张：7

版　　次：2017年7月第1版　　　印　　次：2017年7月第1次印刷

书　　号：ISBN 978-7-5168-1322-5

定　　价：26.80元

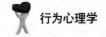

为信息这扇大门。只有这样，你才能获取真实有价值的信息，采用有针对性的策略灵活有效地与周围的人们交往，避免因察人不周而导致的交往中的麻烦与障碍，改善沟通和人际环境。行为心理学就是这样一门破译心理密码、揭穿行为真相、提供交往和改进人际局面技巧的学问。

本书循序渐进、丝丝入扣地对人的行为的丰富表现形态及其寓意含义进行了全面深入的解读，为你破解行为背后的种种心理秘密，带你走进人类心灵的最深处，帮你看穿他人的真实意图，进而把握好人际交往和沟通中的微妙关系，从而在芸芸众生中脱颖而出。

通过本书，你将了解到以下人们行为背后的心理奥秘——

头部向一侧倾斜是一种顺从的表示；头部上扬，通常自视甚高、傲慢而自我；经常摇头或点头以显示自己对某事肯定或否定。

脸红常由于害羞和情绪激动；脸色发青往往出现在强烈气愤、愤怒受到抑制而即将暴发之前；脸色发白常常是由于身体不适应或在精神上遭受了巨大打击。

眉毛上扬表示询问和质疑；眼睛张大表示惊疑、欣喜或恐惧；鼻翼微微翕动可能是心情激动的反应；微笑是肯定的象征，具有向对方传达好意，消除不安的作用。

手指轻敲桌面和脚尖轻拍地板可能是内心焦躁不安；手、

人的行为举止、动作表情是本能的，每个人平时说话、与人交往过程中都会不知不觉地做出某些行为动作。举手投足之间，言谈交流之中，一举一动，一言一行，一颦一笑，一喜一怒等，无不传递着内心的动态，折射着内心活动变化的历程。人的每一个细微行为动作，都在告诉对方他一个什么样的人！

　　弗洛伊德曾经说过这样一句经典名言："任何人都无法保守他内心的秘密。即使他的嘴巴保持沉默，但他的指尖却喋喋不休，甚至他的每一个毛孔都会背叛他。"无论一个人的心思多么复杂、多么细密，都会通过外在的行为动作露出破绽。任何一个人的内心都是有踪迹可循、有端倪可察的，不管他掩盖得多么严实，只要我们用心观察，都会不经意地从对方的各种行为细节中发现蛛丝马迹。

　　人的行为既是幽微神秘的，也是有一定规律可察的。要想抓住人内心的变化情况，就要学习如何读懂行为、如何打开行手指发颤是内心不安、吃惊的表现；手臂交叉可能是一定程度的警觉、对抗的表示。

语调高昂、声音洪亮是充满自信的表现；吞吞吐吐是缺乏自信的行为；说话时以手掩口是想掩饰什么或是说谎。

双脚自然站立，双手十指相扣放在腹前的人，表现欲望强，爱出风头；站立时两脚并拢，双手背在身后的人，爱听恭维；站立时双手插裤兜，时不时抽出来又插进去的人，谨小慎微。

……

人的一切心理，都可以从行为中找到答案。参透行为动机，破解心理玄机，洞穿人性奥秘，揭开人际真相，掌控交际主动权，才能开创游刃有余、如鱼得水的人生！

目录
Contents

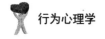

 ## 第3章　手部动作中的心灵密语

第4章　心随腿动，腿脚诉说悄悄话

第5章　坐姿与性格对号入座

第6章　站有站相，个性风格大亮相

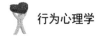

第7章　形色走姿折射多彩性情

第8章　张口说话,就是为自己画像

第 9 章　习惯行为，窥一斑知全貌

第 10 章　一本不正经的怪诞行为心理

第 1 章

头头是"道"，道出内心天机

　　头是人的身体最聪明的、机智的部位。头部行为动作是心理活动的反映，往往代表了人们内心发射的信号。仔细观察某人头部的行为动作，能从中洞察其心理，了解其性格特征，让你在社交中拔得"头"筹，掌握住成功人生的契机。

　　下面，就让我们从"头"开始解读人们行为心理的奇妙之旅。

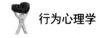

抬头和低头的寓意

　　头部属于人体的"司令部"，是口头语言和肢体语言的指挥中心，情急之下顾"头"不顾"尾"的本能反应行为便形象而生动地印证了其重要地位。头部集中了所有表情器官，因此往往是人们关注、观察身体行为的重点。从某种意义上说，观察头部所得到的信息是最准确的。所以，要了解一个人，人们不妨从"头"开始，读取头部行为动作中泄露出的天机，获得对方的各方面信息。

　　基本的头部动作姿势主要有三种。

　　第一是抬头。当人们对谈话内容持中立态度时，往往会做出抬头的行为。通常，随着谈话的继续，这个姿势会一直保持，人们只是偶尔轻轻点头。而且，用手触摸脸颊的手势也常常伴随着抬头的姿势，表现出认真思考的态度。

　　如果把头部高高昂起，同时下巴向外突出，那就显示出强势、无畏或者傲慢的态度。人们可以通过这个姿势刻意地暴露出自己的喉部，并且让自己的视线处于更高的水平，这样就能以强势的态度俯视他人。

第二是低头。这种压低下巴的动作意味着否定、审慎或者具有攻击性的态度。通常情况下，人们在低着头的时候往往会形成批判性的意见，所以，只要你面前的人不愿意把头抬起来或者向一侧倾斜，那么你就不得不努力处理这一棘手的问题。专业的演说家和培训师经常会遭遇这样的困境：观众们都低着头坐在椅子上，把手臂交叠在胸前。所以，一旦面临这种境地时，有经验的会议发言人会在发言之前采取一些手段，让台下的观众融入和参与到会议的议题之中。这样做的主要目的就是为了让观众们抬起头来，从而唤起积极投入的态度。如果发言人的策略得当，那么观众们接下来就会做出头部倾斜的动作了。

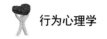

常见头部动作解密

除了上面所讲的三种基本的头部姿势外，也还有其他一些比较常见的头部行为动作。下面就简要罗列并解释这几种动作的内涵。

头总是低俯：通常内向而温柔，虽然有时显得缺乏激情，但是能细心体贴地关照别人。

头部后仰：这是表示骄傲和自信的动作，像势利小人或非常有自信之人鼻子朝天的姿态。一个人会把头部向后仰，其情绪包括心态从沾沾自喜、自命不凡到自认优越的意识变化。这个动作基本上体现的是挑衅的态度，因此要尽量少用这个行为，因为骄傲的外表和挑衅的姿态都会给人留下不好的印象。

头部朝侧方移开：基本上属于一种保护性的行为，比如把脸部移开以回避对身体有威胁或者会造成伤害的事物。在特殊情况下，这个行为会伴随着掩饰脸部从而隐藏自己的身份和表情。

另外，习惯头部侧偏的人通常充满好奇心，但偏于固执。他们往往缺乏忍耐力。

头部缩回：这是回避的动作，同时表示对事物的不满或者不认可。

头部僵直：是心里觉得无聊、苦闷的表现。在商务谈判中，这一行为则表示中立的态度。

头部猛然上扬，然后恢复正常：如果是初识或不熟悉的人，头部上扬表示很吃惊的样子；如果是在彼此熟悉的场合，则表示当事人突然明白了某事物的要旨而惊叹，是猛然醒悟的表现。

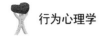

点头意味着什么

在日常生活中，点头是一种常见的行为动作。而在大部分文化中，点头的动作都用来表示肯定或者赞成的态度。这个动作属于鞠躬的简化形式——就像一个人正准备鞠躬，然而动作只进行到头部就戛然而止，最后以点头的动作象征性地表示鞠躬这一姿势。鞠躬的姿势隐含着顺从之意，所以点头的动作也显示出我们对其他人的观点表示赞同。

同样是点头，若频率不同，意思还有所差异，通常点头的频率能够显示出聆听者的耐心程度。例如，在聆听对方讲话的时候，人们缓慢地点头表示对内容感兴趣，或者认为言论很有道理。所以当说话人陈述自己的观点时，我们应该向对方缓缓地点三次头，表现出认真深思的态度。而频繁急速的点头，则可能是人们感到不耐烦了，想让你认为他已经完全接受了你的观点，可以结束话题了，或者是催促说话人马上结束自己的发言，以便给你一个表达观点的机会。

点头的行为还具有相当的感染力，且能够激发合作与肯定的态度。如果有人对你点头，你通常也会向他回报以点头的动作——即使你并不一定同意这个人所说的话。因此，在建立友善关系、赢得肯定意见与协作态度等方面，点头的动作无疑是绝佳的手段。

当对方针对谈话内容或音律向你做点头的动作，表示其对你某种承诺的允许及好感；若点头的动作与谈话情节不符，表示对方不专心，或有事情隐瞒。

要强调的是，点头与肯定的答复之间没有必然的联系。在印度，头部左右摇摆，也就是摇头的动作，是用来表达肯定和赞成。这种奇怪的习俗令西方人和欧洲人非常困惑，因为在这些人的文化中，这个动作一般是用来表示不置可否的态度。而在日本，点头的动作未必意味着"是的，我同意你的观点"，它往往只是表示"是的，我听到了你所说的话"。在阿拉伯国家，单一的抬头动作是用来表示否定的态度。而保加利亚人则用通常表达否定的动作也就是摇头，来表达肯定的态度。

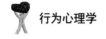

摇头晃脑的奥妙

将头水平地从一边转到另一边就是最常见的摇头方式，它也是最普遍的否定姿势。与点头一样，摇头这一行为的含义也是广泛而一致的，只有在一些特殊的文化里才表示肯定的含义，例如保加利亚人和印度人就这样使用。

进化生物学家们认为，摇头是人们降临人世后学会的第一个动作。它可追溯到人们婴幼儿时代，当母亲给孩子哺乳的时候，如果孩子吃饱了，就会躲开母亲的乳房。即使母亲将身体向前倾斜，他们也不会再感兴趣，而是左右轻轻摆头。这时就表明，孩子在拒绝哺乳了。

与之类似，幼儿在吃饱了以后，也会用摇头的动作来拒绝长辈们喂食的调羹。所以，摇头的动作，似乎是人们在出生时就具备了。随着人们的逐渐成长，它也演变成了拒绝和不赞同的符号。

此外，有时人们会用摇头来表示某种无奈。例如，当某位病人因抢救无效而去世时，做手术的医生会一边摇头一边走出手术室，面对等待的家属表明"已经无能为力了"。虽然医生没有说什么，但家属一般能立刻明白其中的含义。

在另一些情况下，摇头则表示"不可思议"、"惊讶"的意思，例如，北京奥运会开幕时，面对鸟巢的精妙设计，很多外国人张开了嘴，做出摇头的动作，表达了对鸟巢设计的惊叹赞许以及不可思议。

此外，在日常生活中，如果你看到一个人经常摇头晃脑的，你或许会猜测他是不是得了"摇头病"。

不过，如果撇开这种看法而从身体语言的角度来看的话，你就会发现这种人特别自信，以至于经常唯我独尊。他也会请你帮他办事情，但很多时候，你做得再好他都不怎么满意，因为他有自己的一套，他只是想从你做事的过程中获取某种启发而已。

在社交场合中，这种人一般很会表现自己，但却时常遭到别人的厌恶。不过，他们对事业一往无前的大无畏精神，倒是被很多人欣赏。

最后，提醒你一下：当有人对你的意见表示赞同，并且努力让这种赞同的态度表现得诚实可信时，你不妨观察一下他在说话的同时有没有做出摇头的动作。

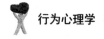

如果一个人一边摇着头一边说"我非常认同你的看法"或是"这主意听起来棒极了",又或是"我们一定会合作愉快",那么不管他的话音显得多么诚挚,摇头的行为都折射出了他内心的消极态度。所以,要是你足够聪明的话,最好多留个心眼,仔细品读一下这摇头间的奥妙。

歪着脑袋传递的信号

歪着脑袋常常是一种聚精会神倾听的头部行为。这不仅仅出现在人类身上，动物也有相同的表现。例如，刚满三个月的小狗听到或看到吸引它注意力的新事物（如新的狗屋、第一次看到其他动物）时，头也会歪向一边。

歪着脑袋属于一种非正常的身体行为，表示困惑、顺从等情绪。这个行为在东方比较普遍，欧美人很少歪着头倾听。

东方人对某种事物不能理解或感到莫名其妙时，常会做出十分普遍的歪头动作，多数情况下还会将手掌贴在太阳穴附近，表示他正在对这一事物进行思考。由此可见，歪着脑袋这种动作是一种表示"疑难"的信号。同时，在做这个动作时按住人体的要害部位之一的太阳穴，可以看做是想刺激思维活动的行为。

而把头部向一侧倾斜，暴露喉咙与脖子，则无疑是一种

顺从的表示。因为这个行为不仅暴露出人们的要害，还会让人显得更加弱小和缺乏攻击性。这个行为源自于小时候舒适的依偎——小孩把他的头部依靠在父母的身上，属于一种撒娇的行为。当成年人（大多是女性）把头歪向一侧时，此景好像倚在想象中的保护者或者父母身上。当然，如果这个行为用于玩弄风情或者故意用来吸引别人，那么便有假装天真或故意卖俏的嫌疑了。

此外，当人类在对某件事情感兴趣时，也会把头部歪向一侧。女性经常使用这个姿势向心仪的男士表达自己对他的兴趣。当女性歪着脑袋微笑时，就会看起来毫无威胁感并且非常温顺，这对于大部分男性也是极具吸引力的。

由此可见，歪着脑袋隐含的意味是疑惑、顺从和感兴趣。对这个行为，大部分人仅凭直觉就能够体会，这里也就不多解释了。

低头不等于退缩

日常活动中，我们常常能够见到低头的行为：在犯错误时人们会下意识地低下头，自卑的时候也会不由自主地低头……因此，人们难免很自然地认为低头是一种退缩的表现。其实不然。

之所以会有低头等于退缩的认识，大概是由于抬头有积极的意义，因为抬头的行为表示有意投入。如果把头部高高昂起，同时下巴向外凸出，那就显示出强势、无畏或者傲慢的态度，这种行为总是与威严感和侵略性紧密相随。而低头掩饰下巴表示出的基本信息是屈居人下，而如若居上位者做此行为，则暴露出其消极的心态。所以，许多政客为了保持自己的权威，即便遭遇到自己难以解决的困难，也还要"顽固"地处处示人以"强"，因此很少有低头的姿态。

当一个人低头的时候，可能是认错的表现，也可能是自卑

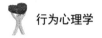

的表现，还有可能是求助的表现，当然也可能是掩饰慌张情绪的表现。除了这些以外，还可以用之来表示排斥之意。比如，你去拜访一个人，如果对方只顾低头做事连头都不抬，那便表示出一种不欢迎的排斥态度。

不过，低头的行为还有深表谢意的意思。若是你看到对方面露微笑、上体前倾向你低头，这便是一个友好的表示。如果头低得再深些，那就是鞠躬了。

低头还有温柔的含义，这方面在女性的身上体现得尤为明显，习惯低头的女性通常内向而温柔，虽然显得缺乏自信，但能细心地体贴和照顾男性。1924年7月，徐志摩随印度诗人泰戈尔访问日本。临别回国时，日本侍女的一个低头行为，给徐志摩留下了极其深刻的印象。他感到这一低头传递出来的是无比的温柔与娇羞，并写诗咏叹道："最是那一低头的温柔，像一朵水莲花不胜凉风的娇羞。"对于日本侍女的动人之处，徐志摩感受到的不是明眸皓齿、雪肤花貌，而是动人心魄的那一温柔的低头。我们今天读起这首诗，也不由得会为那"一低头"触动心弦。

如果低头的同时头部微偏，这便是一种静思的行为。这个行为男性做得比较多，而如果女性有此行为习惯，通常表现的是一种好奇心，有这种习惯的女性比较固执。

有的人会突然把头低下，这样的行为往往是为了掩饰脸部，表示谦卑和害羞，如果在心怀敌意的情况下把头迅速低下，则表示有紧迫感。

低头的含义有很多，我们应该具体情况具体分析。如果我们从一群人身边经过，而他们正在兴致勃勃地聊天、看风景，或是专心致志地听取领头人的发言，那么为了不打扰他们，我们通常会在经过的时候缩着肩膀，努力让自己显得更弱小和不太引人注意，这种姿势就是低头弓背。

低头弓背的姿势就是努力让自己显得更微小，以免打扰到其他人。向上耸肩，同时把头低下，缩在两肩之间，这样的姿势能够保护柔弱的脖子和喉咙免受攻击。当人们猛然听到背后传来一声巨响，或者担心会有什么落物砸到自己时，通常就会做出这种姿势。假如是在个人交际或者商务谈判的场合做出这样的姿势，那就意味着恭顺地向他人道歉。

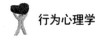

拍打头部的寓意

如果你在生活中看到别人做出用手接触头部的手势，那么你有理由认为他的内心隐藏着某些负面的想法。问题是，这个负面的想法到底是什么呢？可能是怀疑、隐瞒、不确定、吹嘘、忧虑或者干脆就是撒谎。真正能体现水平的地方就在于如何确认那个负面的想法到底是什么，而想要做到这一点，最好是仔细观察对方的每一个手势，并且从整体上来分析他内心的真实想法。

具体到拍打头部这个动作，它多数时候的意义是在向你表示懊悔和自我谴责。如果你正在问他"我的事情你办了没有"，见他有这个动作的话，你不用再问也不用他再回答了，因为他肯定没把你上次交待的事情放在心上。

除了这种情况外，也有些人存在着拍打头部的习惯性动作，从中可以看出他们的性格特点。美国谈判协会的杰勒德·尼伦伯格先生发现，在拍击自己的头部时，习惯于拍击后颈的人很可能个性较为内向或者为人比较刻薄；而那些习惯于拍击前额的人则可能更加外向而且容易相处得多。

倘若你的朋友中有人有这样的动作，而他拍打的部位又是脑后部，那么，我们想直言告诉你，他这种人不太注重感情，而且对人苛刻，他选择你作为他的朋友，很大程度上是因为你某个方面可以供他利用。当然，他也有很多方面值得你去交往和认识，诸如比较聪明，思想独特，做事有主见，对事业的执著和开拓，尤其是对新生事物的学习精神，都使你不由得从心底佩服他。

时常拍打前额的人一般都是心直口快的人。他们为人坦率、真诚，富有同情心。在"耍心眼"方面你教都教不会他。因此，如果你想从某人那儿了解什么秘密的话，这种人是最佳人选。不过这并不说明他是一个不值得信赖的朋友，相反，他很愿意为别人帮忙，替别人着想。这种人如果对你有什么得罪的话，请记住：他们不是有意的，只是因为太直率罢了。

无论对方是拍打前额还是后脑勺，其实都是其内心想法的体现，因此，只要认真观察就不难发现他的真实意图。

在现实生活中，用手接触头部的手势是很容易被误读的，并可能由此将我们带向错误的结论。所以，我们一定要具体问题具体分析，并善于从整体上对每一个细小动作进行把握与分析。

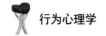

挠头和摸头发透露的心理

在交谈中，你会发现，与你面对面坐着或站着的对方，总要时不时地抹一抹头发，好像在引起你对他发型的兴趣。有这一举动的人并不在少数，并且有的人不只在交谈中这样做，他们就算是一个人独自在家看电视，也会每隔三五分钟"检查"一下头发上是否沾上了什么不好的东西，而有事没事就拨弄自己的头发。

相关研究结果表明，在人体承受接触的部位中，头部被接触的频率最高。因此，像挠头、摸头发之类的动作，其发生是非常频繁的。

当我们将手举向头部做出诸如"抓"、"擦"、"摸"等动作时，最初的目的是为了整理头发、保持头部整洁，以维护自我形象。到后来，这些动作渐渐脱离了其初衷，转而用来舒缓自己陷入情绪混乱或紧张状态时紧绷的神经，从而成为自我亲密接触的一种方式，其目的是为了获得精神上的安定，是由下意识的心理作用所造成的。

"挠头"的行为在男性群体中最普遍，多是内心不满、困惑、害羞、痛苦等心态的直接反映；而摸头发更多的是一种害羞的表现。

摸头发的动作根据具体情境的不一样，其含义是很丰富的。比如，在双方交谈过程中，摸头发可能是心绪不安的表现。倾听者一边说话一边摆弄头发，往往表明其心中想着自己的事，或者想说自己想起来的话题，此时对方根本就没有听你说话或盼着你尽快结束。而一旦对方开始岔开五指梳捋头发，则表明其内心很烦，碰到这种情况，你最好适可而止，不要去招惹对方。

另外，摸头发之类的动作还可能是一种掩饰行为。一个人若想拼命掩盖一个小谎言或觉得没法拒绝对方的请求，也会做出摸头发的动作。另外，如果你的内心有所动摇，往往也会下意识地去摸摸头发。至于思考时摸头或挠头，则表明了内心有困惑。

乍看之下，摸头发像是一种很常见的习惯动作，其实表露出的往往是一个人真实的心理状态和性格。这种与人交流时喜欢摸头发者大都性格鲜明，个性突出，爱憎分明，尤其嫉恶如仇。倘若公共汽车上有小偷，而乘客都是这种人的话，那这个小偷一定会被当场打个半死。此外，喜欢做这种动作的人通常十分敏感，对人对事都很容易感动。他们一般很善于思考，做事细致，但大多数缺乏对家庭的责任感。而且，他们有一个很多人不具备的优点，那就是做事问心无愧，尤其在情感方面常有无怨无悔的表现。他们对生活的喜悦来源于追求事业的过程，这句话听起来有点玄，不过仔细想来你就会明白：喜欢拼搏和冒险的人是不在乎事情的结局的。他在某件事情失败后总是说："我问心无悔，因为我去干了。"

第 2 章

百变表情中的心灵地图

表情作为一种重要的交流工具，不仅可以帮助人们表情达意，更可以帮助人们窥探一个人的心理和性格特征。在人际交往中，为了更快地了解对方，要注意观察他的各种表情，即脸、眼、眉、鼻、口等面部器官的表情，并从诸多表情中，捕捉其个性特征。

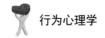

脸——性情的晴雨表

中国戏曲中有脸谱的说法，就是以某些角色脸上画的各种图案来表现人物的性格和特征。所以，从某种程度上说，脸就是一张反映个人情绪和性格的晴雨表。

据美国心理学家保尔·埃克曼的研究，面部表情行为可分为最基本的六种：惊奇、高兴、愤怒、悲伤、藐视、害怕。他发现不管生活在世界上哪个角落的人，表达这最基本的六种感情的面部表情几乎都是相同的。

通过一个人的面部表情行为可以看穿一个人的心理，看透他是什么样的人。因为每个人的表情后面是他的生活经历、学识修养、心态人格。

我们所说的脸面不仅是指人的长相，主要是指面部表情。人体中的面部是内部统一的表面尺度，同时也是在精神上获得完整的整体美的关键。因为从面部最丰富的精神性表现中，可以看出人的心灵变化。面部结构不可能脱离精神，因为它就是精神的直观表现。面容是精神的体现，也是个性的象征，它与躯体有着明显的区别。面部很容易表现出柔情、胆怯、微笑、憎恨等诸多感情谱系，它是"观察内心世界的几何图"，也是艺术最具有审美特性的地方。而身体相对于面部，尤其相对于眼睛而言，却居于较次要的地位，尽管它也可以通过动作和造型来表达情感，但仍然是不足以与面部相比拟的。因为面部与躯体就犹如心灵和表象、隐秘和暴露那样存在着本质的差异。

我们说的"脸色"，也不是指静态的长相，而是指动态的面部表情行为。面部表情是一种丰富的人生姿态、交际艺术。不同的人的脸色，又可以成为一种风情、一种身份、一种教养、一种气质特征和一种表现能力。比如：脸红常由于害羞和情绪激动；脸色发青往往出现在强烈气愤、愤怒受到抑制而即将暴发之前；脸色发白常常是由于身体不适应或在精神上遭受了巨大打击。脸上的眉毛、眼睛、鼻子和嘴，更能表示极为丰富细致而又微妙多变的神情。皱眉一般表示不同意、烦恼，甚至是盛怒；扬眉一般表示兴奋、惊奇等多种感情；眉毛闪动一般表示欢迎或加强语气；耸眉的动作比闪动慢，眉毛扬起后短暂停留再降下，表示惊讶或悲伤。

面部表情行为能够传达复杂而微妙的信息，细心观察一个人的面部表情行为，可以洞察对方心理。

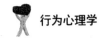

眼睛——透视心灵的窗口

眼睛是心灵的窗户，透过一个人的眼神行为可以了解其心理和性格。

眼睛放出的神采，它的类型是那么繁多：

眼神明澈、坦荡，为人正直、心胸博大。

眼神狡黠、阴诈，为人虚伪、心胸狭窄。

眼光执著，志怀高远。

眼光浮动，为人轻薄。

眼神内敛，因为克己。

因为贪婪，眼神暴露。

正派而敏锐使眼光如利剑出鞘。

邪恶而刁钻则使眼光如蛇蝎蛰伏。

渊博的人，眼中透出了悟。

无学的人，眼中似乎只存疑窦。

自信者，眼神坚而毅。

自堕者，眼神晦而衰。

也许你貌不惊人，眼小如豆，但它可以流露出华美的气质。

也许你美目流盼，但可能蜷曲衰败的灵魂正在其中沉睡。

作为一个生理器官，从眼睛还可以看出一个人的精神状态：

一个健康、精力充沛的人的眼睛通常明亮有力，眼睛转动灵活机警，眼光清晰、水分充足。

一个疲劳的人，眼睛就会显得乏力无味、目光呆滞、眼光混浊。

一个乐观的人，眼睛通常充满笑容，善意十足。

一个消极的人，往往眼睛下拉，不敢正视别人的眼光。

一个诚实的人的眼睛是自信的，说谎的人的眼角会不自觉地往上翘或者眼睛转动速度比说话的节奏快。很多大公司企业主管在面试时都能发现这个特点。

面对一个诚实的人，他的眼睛坚定浑厚，眼神沉重踏实，你会觉得他对自己的行为有着坚定的信念，他的叙述充满了说服力和感染力，让人不容置疑。

说谎的人在心理上是不确信的，他的眼神漂浮无根，说话没有底气和正气，面对这种人，你会觉得他在讲述一个与自己无关的事情，没有信念和可信度；这种类型的人在生活和事业上很难达到既定的目标。

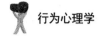

眼睛比嘴巴更会说话

透过眼神去窥视人的心理活动，是人们在社会生活中常用的方式。但是如果你想有意地、主动地去从眼神中透视对方心态，就必须掌握有关的理论和技巧。现在，让我们来看一下，在交谈时怎样从对方的眼神和视线里探出对方的真正意图。

和你谈话时，他的眼睛并不是看着你。在说话进入正题的时候，对方时而移开目光看向远处，不是他根本不关心你说些什么，就是正在算计某些事情。但是需要注意的是，通常人们在与自己的上司交谈时，始终注视对方的眼睛的人是极少的，因为人在这时大多数或多或少会有害怕、害羞或者屈卑的感觉。更有一种病叫眼神恐惧症，得了这种病的人不管是对什么人，都不敢正视其眼光。

瞪着你不放时遇到对方有"啊！事到如今，听天由命吧！"这种态度，则表示他的谎言或罪过即将被揭穿，此时他瞪着你不放就是一种故作镇定的姿态。

对方眼神闪烁不定的时候是因为某人内心正担忧某件事，而无法真正坦白地说出来的时候，他才会有这样的眼神。可理解为对方心里有自卑感，或正想欺骗你。

当你和生意伙伴见面的时候，看到对方灰暗的眼光，就应该想到对方有不顺心的事或发生了什么意外的事情；而当你和对方交谈时，对方的眼睛突然明亮起来，则表示你的话正说中了他心里最急于表达的事情。

眼睛上扬这是假装无辜的表情。这种动作是在佐证自己确实无罪。目光炯炯望人时，上睫毛极力往上抬，几乎与下垂的眉毛重合，造成一种令人难忘的表情，传达着某种惊怒的表情。斜眼瞟人则是偷偷地看人一眼又不愿被发觉的动作，传达的是羞怯腼腆的信息。这种动作等于是在说："我太害怕，不敢正视你，但又忍不住地想看你。"

眨眼的系列动作包括连眨、超眨、睫毛振动等。连眨发生于快要哭的时候，代表一种极力抑制的心情。超眨的动作单纯而夸张，眨的速度较慢，幅度却较大。动作的发出者好像是在说："我不敢相信我的眼睛，所以大大地眨一下以擦亮它们，确定我所看到的是事实。"睫毛振动时，眼睛和连眨一样迅速开闭，是种卖弄花哨的夸张动作，好像在说："你可不能欺骗我哦！"

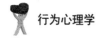

挤眼睛是用一只眼睛向对方使眼色表示两人间的某种默契，它所传达的信息是："你和我此刻所拥有的秘密，其他任何人无从得知。"在社交场合中，两个朋友间挤眼睛，是表示他们对某项主题有共同的感受或看法，比场中其他人都接近。两个陌生人之间若挤眼睛，则无论如何，都有强烈的挑逗意味。由于挤眼睛包含两人间存有不为外人知道的默契，自然会使第三者产生被疏远的感觉。因此，不管是偷偷的还是公开的，这种举动都被一些重礼貌的人视为失态。

眼睛往上吊，这种人心里藏着不可告人的秘密，喜欢有意识地夸大事实，他们性格消极，不敢正视对方。

眼睛往下垂，这个动作有轻蔑对方之意，要不然就是不关心对方的情形。这种动作的发出者一般个性冷静，本质上只为自己设想，是任性的人。

眼波转动被人猜

无论一个人心里正在打什么主意，他的眼神都会立刻忠实地告诉别人，他在想的是什么。

俗话中骂人常说："滴溜溜的眼睛，四处转动；贼溜溜的眼睛，东张西望。"滴溜溜的眼睛，贼溜溜的眼睛，是女人和男人最不好的眼语。滴溜溜，表现了女人的轻浮；贼溜溜，表现了男人的狡诈。当一个女人对男人表示好感的时候，她的眼睛会说出嘴上不能说出的话，就是睁大她充满活力的眼睛。当一个女人表示拒绝的时候，她就会用愤怒的、轻蔑嘲笑的眼神，来表示她嘴上不愿说出的情感。当一个女人用从上到下或者从下到上的眼光扫视一个人的时候，表示对对方的轻蔑和审视。

当说话进入正题的时候，对方时而移开目光直视远处，这表示是他根本不关心你说什么；当你看到对方灰暗的眼光，就应该想到对方有不顺心的事或发生了什么意外的事情；而当你

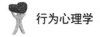

和对方交谈时，对方的眼睛突然明亮起来，则表示你的话触动了他的心灵和兴趣。对方瞪着你不放，嘴里却不由自主地说："哎，事到如今，听天由命吧！"这种态度表示自己的谎言即将被揭穿时，不由自主地显示出一种故作镇定的姿态。

眼珠转向折射内心的动向

谈话时，对方的眼睛不同的转动方式，表现出不同的内心动向。对方的眼珠左右、上下转动而不专注时，是因为怕你而在说谎。这样做，多半是为了不使你疑心，而不将真相说出，或由于他自身的过失，无法向你赔偿损失或偿付贷款。在你一再追问的情况下，他口是心非，眼睛则左右、上下转个不停。

公关专家提醒，当你与某人做成一笔交易并到对方单位收款时，对方的眼睛若是向左右、上下转地说："总经理出去了，明天再付给你……"对方这样说，就是撒谎的表现。如果对方经常做这种表情，那么再继续交易的话，难免会有风险。

对方眼睛滴溜溜地转动，表示他一有机会就会见异思迁。男士和女友或和自己的太太上街，他会情不自禁地注视来来往往的其他女性。从心理学来看，男性的这种移神的动作，是为了不失去客观性的本能所发出来的举动。相反，女性把一切都

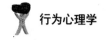

集中在男朋友身上，其本性只留在主观感情上，所以女性走在路上除男朋友外，对其他男性并不关注。

还有一种情况，我们观看电视上的辩论比赛时，往往可以看到因为被抓住弱点而眼光向左右快速转动的人。这是他（她）正在动脑筋，试图寻找反驳的证据。由于费尽心思，便会呈现出视线快速转动的现象。

此外，人们在紧张或有所不安与戒心的时候，也会试图扩大视界，以期获取有关情报，好沉着应对，同样会有类似的眼睛转动的行为。

另外，人们思考问题的时候，眼珠会转动。每个人的习惯不同，眼珠转动的方向不同，其中反映出的信息也不同。来看看吧：

眼珠向右上方转的人：这时人的脑中便会浮现幻想中的事物，这说明这类人其实是很喜欢做白日梦的。这类人的另一专长是在逻辑分析上。

思考时眼珠向右下方转的人：这类人心思细密，思考力特强。与这种人打交道要特别小心，因为他们疑心较重，常以为自己是侦探，只要有少许蛛丝马迹，便会想很多东西出来。而且，千万不要与这类人有金钱上的瓜葛，否则便会为自己惹来最大的烦恼。但如果对方不是每一次思考时都是转向下方，只是偶尔才这样的话，那么他很有可能是正在说谎，他在此时所说的大概不太可靠。

思考时眼珠向左上方转的人：这类人时常喜欢翻来覆去地回忆旧事想当年，所以与这类人相处便要有点耐性。然而他们都是属于健谈的人，他们身边不乏吃喝玩乐的朋友，可是真正交心的却寥寥可数。所以这类人最希望得到别人的真心关怀，如果你要取得这类人的信任，便要付出一点诚意来，一味刻意的奉承是不行的。

思考时眼珠向左下方转的人：这类人想象与思考力都很强，是当作家或编剧的好材料。他们最喜欢的是听音乐，喜欢自由自在、无拘无束地享受生活。这种人可能会给人好吃懒做的感觉，不过这只是一种错觉。事实上，这种人比任何人更懂得安排生活。与这种人相处千万不要给他们一种压迫感，否则只会把他们吓怕，令他们从此与你保持距离，以后要再取得他们的信任便艰难了。

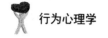

眉毛上跳动的喜怒哀乐

眉毛也具有表情的功能，就是更加充分地展示我们内心深处的感情变化。过去曾有人认为眉毛的主要功用是防止汗水和雨水滴进眼睛里，其实不然。眉毛本身是有这种功能，但更重要的还是能传递肢体语言。

每当我们的心情改变，眉毛的形状也会跟着改变，这可以被称为"眉毛的行为"。眉毛的行为所产生的重要信号有以下几种。

1. 低眉

当人们受到侵略的时候通常呈现出这种表情，因为这是一种带有防护性的行为，通常只是要保护眼睛，免受外界的伤害。

很多人都把一张皱眉的脸视为凶猛的象征，而很少想到那其实和自卫也有关系。而一张真正带有侵略性的、无畏怯的脸上，呈现的反而是瞪眼直视、毫不皱缩的眉。

2. 皱眉

皱眉可以代表很多种不同的心情。例如，惊奇、错愕、诧异、快乐、怀疑、否定、无知、傲慢、希望、疑惑、不了解、愤怒和恐惧，等等。

皱眉的情形包括防护性和侵略性两种。防护性的皱眉只是保护眼睛免受外来的伤害。但是光皱眉还不行，还需将眼睛下面的面颊往上挤，眼睛仍睁开注意外界动静。这种上下挤压的形式，是面临外界攻击、突遇强光照射、强烈情绪反应时典型的退避反应。至于侵略性的皱眉，其基点仍是出于防御，是担心自己侵略性的情绪会激起对方的反击，与自卫有关。真正侵略性的眼光应该是瞪眼直视、毫不皱眉的。最常见的皱眉，常被理解为厌烦、反感、不同意等情形。

眉头深皱的人，一般都是很忧郁的。他们基本上是想逃离目前所处的境遇，但却经常因为某些原因不能如此做。如果一个人大笑的同时皱眉，说明这个人的心中其实是有轻微的惊恐和焦虑，他的眉毛泄露出明显退缩的信息。虽然他的笑可能是真的，但无论他笑的对象是什么，都给他带来了相当的困扰。

3. 眉毛一条下降、一条上扬

这样的形态所传达的信息介于扬眉与低眉之间，一般表示一个人激动的同时又有恐惧的心理。而尾毛斜挑的人，心里通常处于怀疑的状态下，因为扬起的那条眉毛就像是提出的一个

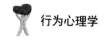

大大的问号。

4. 打结的眉毛

一般是指两条眉毛同时上扬及相互趋近。这种表情通常预示着严重的烦恼和忧郁，比如一些患有慢性疼痛的患者就会经常如此。而急性的剧痛产生的是低眉而且面孔扭曲的反应，较和缓的慢性疼痛就会产生眉毛打结的现象。

5. 闪动的眉毛

眉毛先上扬，然后在瞬间内再降下来，这种闪动的快速动作，是看到熟人出现时的友善表情。

6. 双眉上扬

如果一个人在谈话的过程中将双眉上扬，则表示出一种非常欣赏或极度惊讶的神情。

7. 单眉上扬

一条眉毛上扬，通常表示不理解、有疑问的意思。

8. 眉毛迅速上下活动

这样的动作和闪动的眉毛很类似，一般说明一个人的心情愉快，内心赞同或对你表示亲切。

9. 眉毛完全抬高

这表示出的是一种"难以置信"的神情。

10. 眉毛半抬高

表示"大吃一惊"的神态。

11．眉毛半放低

一般表示"大惑不解"。

12．眉毛全部降下

表示的是"怒不可遏"的状态。

13．眉头紧锁

表示这个人的内心深处忧虑或犹豫不决的状态。

14．眉梢上扬

这表示有喜事降临的意思。

15．眉心舒展

表明这个人的心情坦然，处于愉快的状态中。

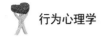

鼻子上写照的性情

身体语言学家指出，在人们交谈的过程中，鼻子的行为动作常常被忽略，但实际上，它们也能表现一个人的心理变化。就是说，鼻子对人们内心的感受十分敏感。我们的鼻子表情虽然非常少，但是由于它位于整个面部的正中，因此常能引起对方的关注，即使上面的动作轻微，也能让你诊断出些许心理变化，所以在观察表情时同样起到了"承上启下"的作用。

我们经常说"皱起的鼻子"，这种动作最初是针对某种味道和气味而来的，人们用皱起的鼻子表示对味道的反感和厌恶。这样一种表情再加上一种严肃的面容表示出一种厌恶和轻蔑的态度，从根本上讲是一种傲慢、不屑一顾地对待别人的态度。皱鼻子的人常常看起来好像他们已经闻到了一种难闻的气味。这种习惯性的行为很可能有其自然环境因素，因为吸到一种讨厌的气味会使人皱起鼻子。例如，当一位男士在吸烟的时候，旁边就可能有女士皱起鼻子，用不满的眼神看着他。此外，经过衍变，当人们看到一个穿着邋遢或者品性不佳以及相貌丑陋的人时，也会用皱着鼻子来表示对对方的不满和不屑。在某些人中，在鼻子两边有明显皱痕的特征，可能在一定程度上反映了他们对周围不满情绪多一些。

煽动的鼻翼，一般也是针对某种好闻的气味而形成的。人们用大力地呼吸来表达对这种味道的喜爱和内心的舒适，因而会煽动鼻翼。同样，当感到心情兴奋和激动时，人们也会煽动鼻翼，用兴奋的姿势表示自己很高兴，对眼前的事物很感兴趣。

现代心理学的研究成果表明，在谈话中对方的鼻子稍微胀大时，多半表示他对你有所不满，或情感有所抑制。而在愤怒的时候，鼻孔将张大，似乎要宣泄怒气。

鼻头冒出汗珠时，一般来说，这表明一个人的内心特别焦躁或紧张。如果对方是重要的交易对手时，必然是急于达成协议。如鼻子的颜色整个泛白，就显示对方一定畏缩不前。

鼻孔朝着对方，指藐视对方，瞧不起人。鼻子竖挺，表示这个人的性格坚强，固执己见，通常不会被别人所左右。摸着鼻子沉思，说明对方内心斗争激烈，处于犹豫不决境地。

如果听人说话的时候摸鼻子，说明摸鼻者不相信对方所说的话，他在考虑如何应对。

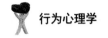

思考难题或者极度疲劳的时候，人们会用手捏鼻梁；特别无聊或者遇到挫折的时候，则常用手指挖鼻孔。这些触摸自己鼻子的动作，都可视为自我安慰的信号。

如果有人问我们一个难以答复的问题，我们为了掩饰内心的混乱，而勉强找出一个答案应付时，手会很自然地挪到鼻子上，摸它、捏它、揉它，也许还可能特别用力地压挤它，好像内心的冲突会给精巧的鼻子造成压力，而产生一种瘙痒感，以至于我们的手不得不赶快来救援，千方百计地抚慰它，想要使它平静下来。这种情形常出现在不会撒谎的人的面部表情上。

一般来说，鼻子所传递的远远不如眼睛和嘴丰富，但也能提供给我们若干的身体语言信息。除了上面说的几种鼻子动作行为之外，还有歪鼻子，这表示不信任；鼻子抖动是紧张的表现；鼻孔张合代表发怒或者恐惧；哼鼻子则含有排斥的意味；嗅鼻子是对任何气味都有的反应。

嘴巴不出声也会"说话"

有这样一个游戏——贴嘴巴，在不同的脸上贴上不同表情的眼睛和嘴巴，然后观察其中的新表情，不同的搭配当然有着不同的表情，可是同一个眼睛的表情搭配不同嘴巴表情后，结果让人大吃一惊。

人们总以为，眼睛是一个人情绪的全部表现，其实不然，嘴巴也是重要的表现工具。

有人说：嘴巴不出声也会"说话"，可见嘴巴不仅是用来表达有声语言的，它同样也可以表达丰富的肢体语言。

嘴唇闭拢，表示的是和谐宁静、端庄自然。

嘴唇半开或全开，表示疑问、奇怪、有点惊讶。嘴唇全开一般表示惊骇。在人际交往中，除非我们是为了沟通谈判的需要，否则不要轻易出现这种嘴部动作。

嘴角上扬，这表示的是善意、礼貌、喜悦的意思。在人际

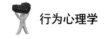

交往中，这种身体语言特别会让对方感觉到我们的真诚和善解人意。

嘴角下垂，通常表示的是痛苦悲伤、无可奈何的神情。

嘴唇撅着，一般都是表示生气、不满意的意思。这种表情在正式的场合出现，会被认为是不尊重对方的表现。

嘴唇紧绷，多半是表示愤怒、对抗或者决心已定。而故意发出咳嗽声并借势用手掩住嘴是表示"心里有鬼"，有说谎之嫌。

嘴抿成"一"字形的人，其性格坚强，是个实干家的形象，交给他的任务一般都能圆满地完成，并因此而得到上司的赏识，有较多的机会得到升迁和提拔。

喜欢把嘴巴缩起的人干活认真仔细，是一个好帮手，但不适合做领导，因为疑心病很重，不容易相信下属，往往有后院起火的危险。另外，这种人还容易封闭自己。

嘴角稍稍有些向上，这种人头脑机灵，性格活泼外向，心胸也比较开阔，能与人很好地相处，很随和，是一个标准的绅士。

交谈时嘴唇的两端稍稍有些向后，表明他正在集中注意力倾听谈话，这种人意志不太坚定，容易受外界的影响，并且也有半途而废的危险。

在交谈时，用牙齿咬住嘴唇，或是喜欢双唇紧闭的人，说明他正用心地倾听另外一个人的讲话，也可能是在心里仔细地分析对方所说的话，然后跟自己作个对照，也可能是在认真地反省自己。

　　时常舔嘴唇的人很可能压抑着内心因兴奋或紧张所造成的波动，因此他们常口干舌燥地喝水或舔嘴唇。

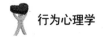

下巴动作中的心理奥秘

人们的下巴形态有相当大的区别，由于形态不同可影响声音的性质，所以从下巴的不同动作也能看出对方的心理状态，得到其他信息。

有西方学者认为，人类的下巴，在判断情绪和心理状态方面，提供了很多丰富的信息，它们甚至直接泄露了人们的某些情感。

所以，在解读他人的情绪时，要注意观察他的下巴——这是由身体语言学家提出的新方法，它将告诉你，某人在经受怎样的情绪。

将下巴抬起一个角度，利用轻蔑的眼神注视对方，实际上是非常傲慢无礼的表现。这表明发出动作的人非常刻薄，爱批评人。他们时常在别人面前展示这样的姿势，想传达一种"你说的都是什么乱七八糟的东西"、"你做的事情根本不值一提"等信息。心高气傲的他们，具有极强的优越感，爱面子，且拒绝承认别人的成绩和荣誉，喜欢否定别人，就像生活中的批评家，每时每刻都在想着要对人和事情评头论足。

用下巴来指使他人者，所谓"颐指气使"，属于骄傲、傲慢，具有强烈自我主张的表现。西方人认为把下巴向前伸出，大多表示隐藏在内心的愤怒；东方人则与之相反，愤怒时把下巴往里缩的居多。而用力缩紧下巴，则是表示畏惧和驯服之意。

缩着下巴，即将头低下来，下巴靠近脖颈。这个动作有两个意思：一方面是想保护脖颈这个身上较为脆弱的部位。另一方面则可能是一种防御姿势，即防止外界对脖子的侵害。当人们感到恐惧和害怕的时候，容易将下巴缩回，形成这类姿势。所以，当人们在看恐怖电影的时候，往往会将自己的身体缩成一团，下巴都要缩到脖子里去了。

经常做这种动作的人，则多胆小怕事，办事小心翼翼，既保守又故步自封，不容易接纳别人，常常与人保持一定的距离。

而撅着下巴，是指将下巴抬起，露出脖颈，这种动作表达的是威胁或敌意。因为人们常常在生气的时候会撅起下巴。就像那些反抗父母命令的孩子一样，利用这样的姿势说"不"。

而当成年人使用这种姿势，往往就是生气和挑衅的姿态，

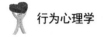
他表示"我不怕你！"、"我才是有道理的！"

　　抚弄下颌往往是为了掩饰不安、话不投机的尴尬场面。然而与面部积极的表情相配合，也可解释为洋洋自得和胸有成竹。

　　女性手支下颌反映其内心需要有人给予安慰。

揭开笑背后的内心世界

面部表情行为中最典型的是笑，这是人类最美丽的动作，也是最能观察对方情绪的一个动作。不同的人有着不同的笑法，嘴部的动态会有所差异。从笑的形式和声音上可以推断一个人的心理状态和性格特质。

狂笑，嘴两端猛向上方翘这类人精于社交，性情温和，能让对方感到亲切，具有冒险精神和积极的作风，乐于助人。最适合做秘书工作，善于处理繁杂事务，越繁杂反而越觉得有趣。

开口大笑，嘴两端水平，这类人的性格粗犷，不拘小节，行为大方。但缺乏一定的耐心，一遇到困难，就知难而退，容易让人产生做事虎头蛇尾的误解。这种人可能会在经商方面有所建树。

微笑，嘴两端稍上扬，这类人性格内向，不善言语，与人交流存在一定的困难，但注意细节，喜欢对对方言语进行分析，唯一不足的就是做事时常半途而废，也因此难达愿望。但他们在手工艺、缝纫等技能方面很拿手，外语亦佳。

　　眯眼笑，笑时嘴两端向下，几乎不开口，这类人的性格倔强固执，对周围人不够坦诚，有时明知其事但假装不知而不与人语，也往往因为这个而吃亏。性情还算和气，一旦不悦即大发脾气。他们多才多艺，有理想、抱负，但不愿与人合作行事，因此也就很难成功。

表情动作也会表里不一

美国心理学家拜亚曾经做过一项实验：他让一些人表现愤怒、恐怖、诱惑、无动于衷、幸福、悲伤六种表情动作，再将这些录制后的表情放映给人看，让他们猜何种表情代表何种感情，结果让人大吃一惊，猜对的平均不到两种。这说明虽然表情对揭示性格在很大程度上有一定的可取性，况且表情相对于语言来说更能传递一个人的内心动向，但要在瞬间通过表情勘破人心，实属不易。

人们在生活中无声无息地学会了很多方法来掩饰自己的内心，也知道了在何种情况下该掩饰什么样的表情，比如说在生意场上，最主要的就是要掩饰急躁、不耐烦的表情，如果你一旦被对方窥破，将会被认为你根本就没有诚心跟对方合作，因此你的信誉度将受到严重的伤害，可谁知道你仅仅是想早点结束会面去参加宴会。

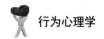

因此在许多时候，人们都会"面无表情"地跟你对话、交流，轻易不肯露出自己的想法，通常这么做有三个理由：一是敢怒而不敢言；另一种是漠不关心；第三种是根本没有放心里去。也可能结果正好是相反，只是对方不愿让你看出来而已。

这就是脸上的表情跟内心的情绪正好相反，原因是人在潜意识里不愿让对方看出自己心理的变化，所以会以其他表情来阻止情感的"外泄"，刻意隐瞒自己的喜怒哀乐。这并不是说这些表情不能从脸部表现出来，而是真那么做的话，将会严重地影响正常的社会活动。最明显的例子就是和对方探讨学术问题，双方观点不统一，如果这时你把个人情绪加进去，探讨的结果一定很糟糕，不是翻脸就是成死对头。

在很多情况下，如果你不经过相当程度地对人们内心活动的研究，并不容易探视出对方的真实心理。但在高明者看来，也许不费吹灰之力，他们认为每个人的脸上都挂着一张反映自己生理和精神状态的"海报"。你若能熟练掌握透过表情识人心的方法，在人际交往中也就能无往而不胜。

第 3 章

手部动作中的心灵密语

很多人都知道"眼睛是心灵的窗户"的说法，却很少有人知晓"手是心灵之窗指向"这句话。事实上，人的双手与大脑间的神经关联远多于人体其他部位。因此，手能够更好更准确地表达内心思想和情感。

在人的行为举止中，手势是十分突出的。演讲、教学、谈判、辩论乃至日常交谈，都离不开手势，可以说手势是人的第二唇舌。

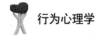

十指葱葱有密语

有句话说"捏着一把汗"，意思是即便你脸上还能强作镇定，但紧张的心情还是会从手中显现出来。这句来自生活实践的话语，也正说明了"手的表情"比"脸的表情"往往来得真实。

手的行为"表情"是如此丰富，单是说五个手指，就有无限寓意。

1. 拇指

拇指常常从人们的口袋里露出来，有时从背后的口袋里神秘地露出来，他原本是想掩饰自己的霸道态度。有些霸道的或者"侵略性"的女性也采用这个姿势。女权运动使她们能够采取男性的多种姿势。

除此以外，采取这种姿势的人还往往踮着脚，以便使他们显得更加高大一些。

有一个常用的拇指姿势是双臂交叉、拇指向上。这具有双重信号：消极态度的信号（双臂交叉）和优越感的信号（拇指露出）。采用这种双重姿势的人通常用突出拇指的姿势，并且踮着脚。虽然对方采取了防御性的姿态来面对你，但其内心的优越感却依然强烈地表现出来。

当拇指被用来指向他人的时候，它也可能是嘲笑或者不尊敬他人的信号。

例如，丈夫靠在朋友的身上，用攥着拳头的拇指指着妻子说："你可知道，女人都是一丘之貉。"在这种情况下，摇动的拇指是被用来挖苦这个不幸的女人的。因此，对大多数女人来说，用拇指指着她们，是最令她们恼火的，尤其是当男人如此做时，她们就更为气愤。女人中间较少使用摇动拇指的姿势。不过，她们有时也用这个姿势指着她们的丈夫或者她们不喜欢的人。

两个男人之间成功的、强有力的握手，保证了充分的接触，没有一个手会有后退的表现。如果说一方的大拇指——主宰手指，在施加压力的话，另一方也不甘示弱。

2. 食指

食指是无所不知的，其显著的特点是敏感性。如果要触摸什么东西，我们总是使用食指。拇指和食指用来测定物体的结构。感觉灵敏的食指为我们提供精密的信息。

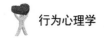

谈话时经常使用食指的人，给人的印象总是在训人。举起食指，并且把手心对着说话人，显然是打断别人的话："等等，我有个想法！"但还不显得那么突兀。

如果把手转成直角，那么食指的这个手势就变成了一种威胁信号，因为它可以进行劈、刺、钻等动作。如果食指自上而下，朝一个点刺去，那么这种气势就达到了淋漓尽致的程度。为了缓和一下气氛，常常可以使用替代物：不是用食指，而是把铅笔作为手的延长器官，敲击要害部位。

3. 中指

中指体现自我。哪个人不认为自己是世界的中心？没有人敢往这方面去想，但在私底下，每个人都是不由自主地这么想。

我们中大多数人都是无意识地使用中指发出信号。在谈话时触摸、抚弄或者按摩自己中指的人，有一种自我表现的欲望，希冀求得别人的赞赏。

4. 无名指

无名指表示情感。它跟自我表现的中指协同动作，也能单独表现出优雅、柔情脉脉的气质。在谈话时触摸、抚弄无名指，表现了动作发出者对温情的需求。他们期待别人情感上的关怀，而不是理智上的解释。

5. 小指

小指是社交性手指。它的作为不大，但是无所不在。把杯子送到嘴边时翘起小指，这个动作看上去有点可笑、矫揉造作。但这原本是为使动作美观的动作。

这个动作是宫廷时代流传下来的，其背后隐藏着一个要求："别忘了，我还在这里呢！"抚弄小指的人是想把别人的注意力吸引过来。

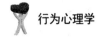

高深莫测的十指交叉

若一个人手指交叉，说明什么呢？把两手的手指交叉，是感到自己的情感和理智处于平衡状态，是一种自我封闭的状态。当然，任何压力都会阻碍这些人敞开心扉。

如果谈话时，对方两只手的食指跟伸出的拇指交叠，这表示什么呢？有人把这个称之为"双枪"。两个自以为是的食指跟显示双重优越性的拇指交叠，表明箭在弦。持这种姿势听别人说话的人，往往会把指尖顶着自己的嘴，好像在等待别人的评语中出现漏洞。

如果你看透了这个把戏，就可以在你认为有利的时机，把你的弱点暴露出来；如果你知道该如何回击谈话对手的枪弹，那你就能够占得先机。

在人们面带微笑和愉快的谈话时，常常无意识地将十指交叉。常见的姿势是交叉着十指举在面前，面带微笑地看着对方。也有的交叉着十指平放在桌面上，这种行为，常见于发言人。出现这个行为时，表明发言正处于心平气和、娓娓叙谈的时候，乍一看，似乎上面这几种表情都是自信的表现，但事实并非如此。

一般来说，做出十指交叉手势时，手位置的高低似乎与消极情绪的强弱有关。有的将十指交叉放在膝上，也有的站立时将十指交叉放在腹前。按交往的经验而言，高位十指交叉比中位十指交叉更显得高深莫测。正像所有表示消极情绪的姿势一样，要想让使用这个姿势的人打开紧紧交叉的十指，需要某种努力来完成。否则，对方的不安和消极是无法改变的。

当我们演讲或是日常生活中与人交谈时，如果遇到情绪消极的情况，做出十指交叉的手势，可以在心理上起到自我保护的作用，从而使谈话更少受到消极情绪的负面影响。

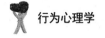

双手叉腰，谁与争锋

孩子与父母争吵、运动员面对自己的项目、拳击手在更衣室等待开战的锣声、两个吵红了眼的冤家……在上述情形中，经常看到的姿势是双手叉在腰间，这是一种表示抗议、进攻的常见举动。有些观察家把这种举动称之为"一切就绪"，但"挑战"才是最基本的实际含义。

这种行为动作还被认为是成功者所独有的站势，它可使人联想到那些雄心勃勃、不达目的誓不罢休的人。这些人在向自己的奋斗目标进发时，都爱采用这种姿态，它含有挑战、奋勇向前的意思。男士们也常常在女士面前使用这种姿态，来表现男性的好战，以及男子汉的高大形象，但女人如果用这一姿态，给人的感觉则是不温柔，有母夜叉、河东吼狮之嫌。

有趣的是，人们发现鸟类在战斗或求偶时，总爱抖擞精神，蓬松羽毛，这样它们就可以显得体格硬朗。而人类把手叉在腰间，也是因为同样的原因，为了使自己显得更高大和威武些。男人对男人这样做是为了用身体向对方挑战，警告对方不要侵犯他。

在适合这种说话行为的特殊环境中，可使说话人收到最佳的说话效果。

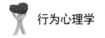

双手平摊，打开心窗说亮话

在人类的历史上，张开的手掌从来都是同真实、诚实、忠诚和顺从联系在一起的。许多宣誓的场合都是：宣誓人把手掌放在心口上，在欧美一些国家的法庭上左手拿着《圣经》，右手掌举起来，面向法官。

双手摊平，表示坦诚、真实，同时也能鼓励对方坦诚相待。

当人们开始说心里话或说实话时，总是把手掌张开显示给对方。这一举止有时是无意识的，有时是有意识的，它都使人感到或预感到对方将要讲真话。相反，小孩在撒谎或隐瞒真相时总是将其手掌藏在背后，当夜晚与朋友玩耍到凌晨方归的丈夫不愿对妻子说出他的去处时，常常将手插在衣兜里或两臂相抱将手掌藏起来，而妻子则可以从丈夫隐藏的手掌上感觉到另有隐情。

　　由此可见，与他人交谈时你不时伸出双手摊开，能够使你显得诚实可靠。有趣的是，大多数人发现摊开手掌时不仅不容易说谎，而且还有助于制止对方说谎，有鼓励对方坦诚相待的作用。

　　西方有心理学家断言：判断一个人是否坦率与真诚，最有效、最直观的方法就是观察其手掌姿势是否双手摊开。当人们愿意表示完全坦率或真诚时，就向人们摊开双手，说："没有什么值得隐瞒的，让我坦白地告诉你吧。"

　　经理们常常告诉推销人员，当顾客解释他为什么不买这个产品时，要看看他的手掌，因为只有张开手掌时，他才会讲出真实的理由。

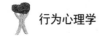

握拳在向人宣告什么

一般情况下，在庄重、严肃的场合宣誓时，必须要右手握拳，并举至右侧齐眉高度。有时在演讲或说话时，捏紧拳头，则是向听众表示："我是有力量的！"但如果是在有矛盾的人面前攥紧拳头，则表示："我不会怕你，要不要尝尝我拳头的滋味？"显示的是一种果断、坚决、自信和力量。平时我们见人讲话时攥紧拳头，证明这个人很自信，很有感召力。

如果一个人说话时手掌攥拳，伸出一个手指，他伸出的手指就好像一个命令，意在迫使听话的人屈从于他。这样的行为，最令人恼火。如果你习惯这样做，最好练习一下手掌向上和手掌向下的姿势。这样会造成一种比较缓和的气氛，使别人产生较好的印象。

双手攥在一起握成拳头，乍看起来，这个姿势似乎是表示充满信心的，因为人们采取这个姿势时，往往是满面笑容，心情愉快的。然而，当一个推销员描述他是怎样失去一笔生意的时候，他谈着谈着，双手不仅攥在一起，而且手指开始变白，仿佛被焊接在一起。这个行为实际上显示了一种失望或敌对的态度。

西方谈判专家尼伦伯格和卡列罗对攥手握拳进行研究后，得出这样的结论：这是一种失望的动作，反映此人克制着一种消极的态度。这个动作主要有三种：在自己的面前攥手；把攥起的手放在桌子上；如果是坐着，把手放在膝盖上，如果是站着，双手在小腹前握紧。

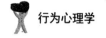

手势下劈——就这么定了

手势下劈，给人一种泰山压顶、不容置疑之势，使用这种手势的人，一般都高高在上，高傲自负，喜欢以自我为中心。他的观点不容许他人轻易反驳。伴随着这个动作的意思是"就这么办"、"这事情就这样决定了"、"不行，我不同意"，等等。

在日常生活中，我们也常遇到一些领导，在讲话时为了强调自己的观点，把手势往下劈。每当这个时候，听者最好不要轻易提出相悖的观点，对方一般不会轻易采纳的。平常与同事或朋友三五成群地争论问题，有人为了证明自己的观点而否定别人的观点，也常用这种手势否定别人的观点，打断别人的话。善于识别这种手势语言，有助于我们为人处世时采取适当的姿态。

手势上扬——释放号召力

手势上扬，代表赞同、满意或鼓舞、号召的意思，有时候也用以打招呼。朋友见面，远远地扬起手："Hi！""Hello！"

演讲或说话时手势上扬，最能体现个人风格，表明演讲者或说话者是个性格开朗、豪放、不拘于形式的人。

手势上扬，是一种幅度比较大的手势动作，容易使人产生比较鲜明的视觉形象，引起人们对于形式美的富于社会内容的主观感受。

有人描绘法国前总统戴高乐：当他进行公开演讲时，他的习惯动作是两臂向上。其目的只是为了强调他的讲话。有时他举着双手，挺挺的上身从桌上伸出俯向听众，好像要把演说者的坚定信念注入听众的心坎上。

手举起的高度和此人心情不好的程度似乎也有一定的关系。这就是说，手举到最高的人难以对付；而手举到不太高的

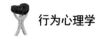

人则比较好应付。像所有的负面姿势一样，必须设法使此人的手指松开，露出手掌。否则，敌对态度将始终保持下去。

总之，手势上扬，是一种能显示出个人特点、很受人欢迎的手势，可以塑造出一种豪放、大度、有号召力的语言能力。

挥手之间，意味无限

举起或挥动手臂来传情达意，称之为挥手语。在电影中经常会看到这样的场景：在战场上，要冲锋的时候，指挥员通常会右手一挥，示意开始冲锋陷阵。它不仅是动作指令，也鼓舞了士气。一般来说，挥手的作用有以下几种：

第一，表示正确的决断、坚定的信心和一往无前的勇气。上面提到的即是挥手语的这种用法。

第二，表示依依惜别，即我们通常所谓的挥手道别。挥手道别是人际交往中的常规手势，采用这一手势的正确做法是：

（1）身体站直，不要摇晃和走动。

（2）目视对方，不要东张西望，眼看别处。

（3）可用右手，也可双手并用，不要只用左手挥动。

（4）手臂尽力向上、向前伸，不要伸得太低或过分弯曲。

（5）掌心向外，指尖朝上，手臂向左右挥动；用双手道

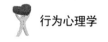

别，两手同时由外侧向内侧挥动，不要上下摇动或举而不动。

第三，激发听众的情绪，让听众获得巨大的鼓舞。这一点通常运用在演讲当中。

第四，就是举手致意。有时看见相熟的同事、朋友，而自己正在忙碌，无暇分身相迎，常会举手致意。举手致意既可伴以相关的言词，也可代以手势表示。举手致意的正确做法是：

（1）全身直立，面带微笑，目视对方，略略点头。

（2）手臂轻缓地由下而上，向侧上方伸出，手臂可全部伸直，也可稍有弯曲。

（3）致意时伸开手掌，掌心向外对着对方，指尖指向上方。

（4）手臂不要向左右两侧来回摆动东西，我们总是使用食指，感觉灵敏的食指为我们提供了精密的信息。在谈话时，如果某人经常使用食指，会给人以在训人的印象。

巧搓手说巧语

搓手这种行为传送着一个人的各种心理期望。下面分别说明。

1. 搓手掌

掷骰子的人用手掌搓骰子，表示期望成为赢家。主持仪式的人搓手掌，并对听众说："我们早就期待着下一个发言人。"兴高采烈的推销员跑进销售经理的办公室，搓着手掌说："老板，我们得到了一笔很大的订单！"在西方，服务员在就餐结束时走到你的桌子旁，搓着手问道："先生，还需要点什么？"他则是用肢体语言告诉你：他期待着小费。

当一个人急速地搓动手掌时，他用这个动作告诉对方，他将得到他所期待的结果。例如，假定你打算购买一栋房子，去找房地产经纪人。经纪人向你介绍了很多但你并不满意之后，急速地搓着手掌说："我恰好有一处房产符合你的条件。"经纪人的意思是，他希望这个房子符合你的要求。但是，如果他

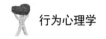

慢慢地搓着手，对你说，他有一处理想的房产，你会有怎样的想法呢？你会认为，他狡猾可疑，结果可能对他有利，而不是对你有利。于是，推销人员被教导说，如果向可能的买主描述产品或服务，一定要使用急速地搓手掌姿势，以免顾客产生怀疑。当顾客搓着手掌，对推销员说："让我看看你们能够提供些什么！"这意味着，顾客购买的可能性较大。

有一个没有心理变化的特殊情况是：在寒冷的冬季，有一个人站在公共汽车站，他急速地搓着手掌，那是因为他的寒冷。

2. 搓拇指和手指

搓拇指和指尖或者搓拇指和食指，这个动作通常是用来表示希望得到金钱。推销员常常搓着指尖和拇指，对顾客说："我可以给你打六折。"有人会搓着拇指和食指对他的朋友说："借给我十块钱吧。"业务人员同客户打交道时，显然应当避免这样的手势。

握手握出来的心思

握手时的力量很大，甚至让对方有疼痛的感觉，这种人多是逞强而又自负的。但这种握手的方式在一定程度上又说明了握手者的内心比较真诚和动情。同时，他们的性格也是坦率而又坚强的。握手时显得不甚积极主动，手臂呈弯曲状态，并往自身贴近，这种人多是小心谨慎，封闭保守的。

握手时只是轻轻的一接触，握得不紧也没有力量，这种人多属于内向型人，他们时常悲观，情绪低落。

握手时显得迟疑，多是在对方伸出手以后，自己犹豫一会儿，才慢慢地把手伸过去。排除掉一些特殊的情况以外，在握手时有这种表现的人，性格多内向，且缺少判断力，不够果断。

不把握手当成表示友好的一种方式，而把它看成是例行的公事，这表明此种人做事草率，缺乏足够的诚意，并不值得深交。

一个人握着另外一个人的手，握了很长的时间还没有收

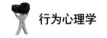

回，这是一种测验支配力的方法。如果其中一个人先把手抽出、收回，说明他没有另外一个人有耐力。相反，另外一个人若先抽出、收回手，则说明他的耐心不够。总之，谁能坚持到最后，谁胜算的把握就大一些。

虽然在与人接触时，把对方的手握得很紧，但只握一下就马上拿开了，这样的人在与人交往中多能够很好地处理各种关系，与每个人都好像很友善，可以做到游刃有余。但这可能只是一种外表的假象，其实在内心里他们是非常多疑的，他们不会轻易地相信任何一个人，即使别人是非常真诚和友好的，他们也会加倍地提防、小心。

在握手时，非常紧张，掌心有些潮湿的人，在外表上，他们的表现冷淡、漠然，非常平静，一副泰然自若的样子，但是他们的内心却是非常的不平静。只是他们懂得用各种方法，比如说语言、姿势等来掩饰自己内心的不安，避免暴露一些缺点和弱点。他们看起来是一副非常坚强的样子，所以在他人眼里，他们就是一个强人。在比较危难的时候，人们可能会把他们当成是一个救星，但实际上，他们也非常慌乱，甚至比别人还要紧张。

握手时显得没有一点力气，好像只是为了应付一件不得不做的事情，而被迫去做的。这种人大多数时候并不是十分坚强，甚至是很软弱的。他们做事缺乏果断、利落的干劲和魄力，显得犹豫不决。他们希望自己能够引起他人的注意，可实际上，别人往往在很短的时间内就会将他们忘记。

把别人的手推回去的人，他们大多都有较强的自我防御心理。他们常常缺少安全感，所以时刻都在做着准备，在别人还没有出击但有这方面倾向之前，自己先给予有力的回击，占据主动。他们不会轻易地让谁真正地了解自己，如果是这样，他们的不安全感会更加强烈。他们之所以这样，在很大程度上是由于自卑心理在作怪。他们不会去接近别人，也不会允许别人轻易接近自己。

像虎头钳一样紧握着对方手的人，在绝大多数时候都显得冷淡、漠然，有时甚至是残酷。他们希望自己能够征服别人、领导别人，但他们会巧妙地隐藏自己的这种想法，运用一些策略和技巧，在自然而然中达到自己的目的。

用双手和别人握手的人，大多是相当热情的，有时甚至热情过了火，让人觉得无法接受。他们大多不习惯于受到某种约束和限制，而喜欢自由自在，按照自己的意愿生活。他们有反传统的叛逆性格，不太注重礼仪、社交等各方面的规矩。他们在很多时候是不太拘于小节的，只要能说得过去就可以了。

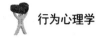

握手时手指动作全解密

除了上面所说的握手动作反映一个人的心理个性外，握手时手指的细节动作也可以体现一个人的性格与心理。

与人握手时，把手摊得开开的人，为人直爽，想到哪里就做到哪里，精力旺盛，胸襟豁达，不拘小节，不怕失败，跌倒了很快就能爬起来。

握手时五指并拢的人，做事一丝不苟、注重礼节、凡事循规蹈矩，但往往因谨慎过度而耽误大事；交友方面亦如是，由于不肯推心置腹地与他人交往，往往交不到知心朋友。

握手时五指微张的人，个性诚实稳重，有强烈的责任感。另一方面则有胆小、跟不上时代脚步的缺点。

握手时四指并拢，大拇指单独张开的人，多属出色的社交能手，他们往往机智敏捷，能够把握良机，而且善于理财。

握手时食指和其他手指间留有空隙，其余手指并拢的人，自尊心强，喜欢强调自己的主张，讨厌受到他人的批评，在群体中往往居于领导地位。

握手时中指与无名指之间留有空隙的人，做任何事情都会保持愉快的心情，遇到困难也都能设法克服。

握手时无名指与小指之间留有空隙的人，表示此人不喜欢受他人束缚，有独立自主的意识，做任何事情都会事先未雨绸缪。

握手时手指稍微向内缩的人，善于理财，属于吝啬型的人。

握手时五根手指全部往内弯成弓状的人，感受性很强，学习力亦佳，而且点子很多。

握手时手指全部伸直的人，容易感情用事，且具有丰富的情感，做事有始有终，绝不会虎头蛇尾、半途而废。

第4章

心随腿动，腿脚诉说悄悄话

  腿处于人身体的下部，也称为下肢，因此人们对其投注的注视是有限的，但它却占据了身体的大半。

  专家认为，腿部虽然处于人们对话时的视野外，但双脚的摆放和位置在很多情况下能够帮助人们确定自己所面对的人是否诚实、自信或者感到紧张等，无形中就真实地展现出了一个人的情绪、欲求、个性以及人际关系等丰富内涵。

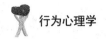

双腿"出卖"你的心

在人类的进化过程中，腿部行为主要服务于两种目的：一是向前走以获得食物；二是在遇到危险时逃跑。由于人类的大脑直接关联着这两种基本目的，走向自己想要的东西和远离自己讨厌的东西，所以人们的双腿和脚部能够显示他们内心的动向。换句话说，通过观察别人的腿部，你就能知道对方到底愿不愿意跟你继续交谈。

腿部的心理信息，对人际关系和人们之前的亲密程度有一定的提示。例如，不互相交叉或者大幅叉开的双腿展现出一种开放的行为，或是处于支配的地位。双腿从交叉到分开的不同变化，隐约透露出心态的不同差异。这个过程，实际上就是人内心从封闭到开放的转化。当人们的交谈和气氛变得更愉快时，就会舒展身体，放下对他人的戒备。

当面对你的人，在聊天时把一只脚藏起来（把一只脚放在另一条腿的后面），就说明他此刻感到很紧张或不安，尽管只是一个无意识的动作却泄露了内心的想法，即使他表面很坦然，但在真实的心境下，他的心态并未感到轻松，甚至十分不舒服。

无论是坐着还是站着，将脚扣在另一条腿上的动作都是表明害羞、胆小的特征。这个动作通常多为女性使用。将一只脚附贴在另一个腿上，就像是在躲避和隐藏什么，所以，强调了当事人的不安全感。

可见，双脚的摆放和位置在很多情况下能够帮助人们确定自己所面对的人是否诚实、自信或者感到紧张等，这时，往往最私密的情绪也会全部呈现在最不引人注意的脚上。

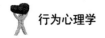

双腿交叉显示的情绪

交叉的双腿则显示出一种保守的姿态，或是没有把握的态度。

如果一个男人双腿叉开，是为了凸显自己的雄性气概，是自信不疑的表现；而男人交叉的双腿则是企图保护自己的雄性资本，另一方面双腿交叉是男人沉默寡言的表现。如果一个男人在和另一个男人会面时，觉得对方不如自己强悍，那么他就会展示双腿叉开的行为；可如果他是和一个比自己强悍的男人打交道，这样的行为就会让他显得争胜好斗，而且他自己也会感觉容易受到对方的攻击。研究显示，缺乏自信的人们经常会使用双腿交叉的姿势。

双腿交叉的姿势不仅会传达出消极和戒备的情绪，它还会让一个人显得缺乏安全感，并且引发身边的其他人也相应地做出双腿交叉的姿势。

　　如果一个女人对面前的男人没兴趣，她就会把双臂叠放在胸前，双腿交叉，并且远离男人的身体，向男人发出"闲人免入"的身体信号。如果她对这个男人有兴趣，则会采取开放的身体姿态。

　　如果是在社交场合，让交叉的双腿展现自己美丽的腿型是无可厚非的，但千万不要在商务场合中这样做。我们的腿部会告诉别人我们想要去哪里，以及我们对他人的好恶。如果你是一位女性，要尽量避免在和商务人士座谈时做出两腿交叉的动作，除非你穿着的是A字型连衣裙，或是下沿至少长过膝盖的裙子。因为女性露出大腿几乎会让所有的男人心神不宁。这样的后果就是，这些商务人士会在听你说话时心不在焉。他们也许会记住你是谁，但很可能不记得你到底说了些什么。

　　如果你是一位男性，而且经常与商界中的女性打交道，那么同样有一条准则要送给你——常常提醒自己保持膝盖并拢的姿势。

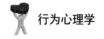

双脚交叉的微妙心理

显然，脚的行为比起手的行为少得多，也单纯得多。当一个人因情感出现身体反应时，脚的摇摆是比较少的，多半表现为脚掌发出的声音和抖动的行为，或者还可以发出某些节奏。

对于架起双脚的行为，也能代表人际关系的某些特征。比如你是一个推销员，在星期天拜访某一家庭时，对于这个家庭中夫妇双脚交叉的动作要特别注意，因为人们常常会做些双脚交叉的姿势。如果夫妻间的某方先行架起自己的脚，即可表示对方在家庭中所占地位的高低。如果你发现妻子的脚先行表现出双脚交叉行为，你就会知道这个家是女人做主，那么你就要把目标放在妻子的身上，进行各种献殷勤的游说活动，你成功的机会会大大提高。

相反，假如丈夫先表现出双脚交叉的行为，说明这是个以丈夫为主导的家庭，如果你去游说对方的妻子，那么，你的成功率将缩小到最低的程度，因为你忽视了这个家庭的真正权威。

　　此外，还可以从双脚交叉的行为，看出当事人的性格特征，比如，有些人大大方方地把双脚一跷，那么表示他是个自信心极强的人，对任何事情都充满自信。而如果发现他是用一只脚很简单地架在另一只脚的边缘上面，这就可以表明对方自信心不足，甚至时刻怀有不安的感觉。

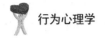

腿在抖，心也在"抖"

心理学家指出，抖脚是一种防止血液循环停滞的行为。但进行深层的分析时，我们发现，某人不停地抖脚，其实别有用意。从身体和心理关系的分析研究中，人们可以得知，身体某一部分的行为可以通过中枢神经传达到脑部而解除精神上的紧张或压力。所以，当一个人抖动脚的时候，也许正是在舒缓某些情绪。

根据心理学家的研究发现，在一个特定的环境下，经常抖动双脚的男人精神紧张的程度都很高。他们倾向于借助抖动双脚来疏解压力。所以，在面试中，有的男性就会上身坐直，双手交叉放在腿上，但下半身却悄悄抖动脚部或腿部。另外，现实中，对任何事情都追求"完美"的人，因为现实总是达不到他的要求，也会频频抖脚以发泄内心的不甘。

通常，女性在同男性交谈时，若兴致勃勃地面向对方，身体放松，轻轻地抖动脚部，则表明她的心情很放松，也表现出了对对方的话语很感兴趣。假如对方突然转换话题或者说了不合时宜的话，则抖动脚部的姿势将立即停止。

有时，某个人在与他人谈话的时候，会不停地抖动一只脚或者整个身体都缩坐在椅子上，晃动双脚或者用脚轻轻敲打地面，幅度较大，而眼神也看着地面，或者四处张望。这些都是在说明，这个人感到很烦躁、厌烦，甚至厌倦。因为，脚是人们逃跑时最先运动的部位，当它不断地进行晃动时，如果不是闲暇无聊，那这个人就是想要离开这里。

人们在心绪不宁的时候，身体也容易抖动。所以，当内心情绪混乱或者有很棘手的问题无法解决时，就会眉头紧皱，不由自主地抖脚。因为他们希望快点思考出问题的解决方案和策略。通常这种动作是下意识的，在生活中很普遍。

说话的时候，有人喜欢用腿或者脚尖使整个腿部颤动，有时候还用脚尖磕打脚尖或者以脚掌拍打地面。无论交谈还是在休息，都做这种动作的人是较自私的人，凡事以自己为中心，占有欲极强。所以，他们在爱情上很容易滋生"醋意"。他们待人吝啬，但善于思考问题，经常能为他人提出一些意想不到的主意。

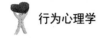

心有所思，脚尖有所向

脚尖能够暗示人们不同的潜意识，而最直接的作用就是表现了人们感兴趣的方向。因为，当一个人上身在自身潜意识的作用下发生偏移的时候，下肢也会跟随着移动，而脚尖也就朝向了最感兴趣的人和事物。

例如在生活中，我们经常可以看到下面的场景：几个朋友一起结伴到餐馆吃饭，桌面上其乐融融，但桌子下面，却有着非常奇特的景观，即大家的脚尖都朝向了其中的一个人。其实，这就告诉他人，这个被指向的人才是人群中的主角。

脚尖朝里，有"刹车"作用。谁要是走路呈内"八"字形，上身就可能完全是打开的，但是在迈出了第一步以后，他就把自己封闭起来了。我们在这里看到的是一个犹豫不决的人，他处于停滞和前进的冲突之间。

用脚尖拍打地板所表达的意思与抖腿动作相仿，也表示焦躁、不安、不耐烦，或为了摆脱紧张感。人们为什么用足部来表达焦躁不安呢？

原因首先是，在公开的场合或容易受人注目的场所，如果一个人不愿意把内心的焦躁不安明显地表现在脸上，或者不愿意用手或身躯做出大幅度的动作，那就只有用离开他人眼睛最远的、最不显眼的部位——足部来表达。

人在预感到要遭遇他人侵犯或有他人要进入自己的势力圈时，如果对此要表示拒绝或不耐烦时，往往用足尖拍打地板的动作来预告自己的心情或意向。向这样的人询问或谈问题往往会得到不愉快的结果。

作为脚尖行为的演化，伸长的脚也具有类似的含义。例如，在两个异性之间交谈的过程中，如果男性将一只脚伸向女性，以使两者之间的距离缩短，就表明男性对女性有好感，甚至想表达求爱的意思；相反，如果男性在站立的姿势下，脚向后缩脚，表明想拉远与交谈对象的距离，因为这个人让他感到乏味，没有共同话题。

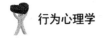

拍腿、扳腿、摸腿的含义

如果一个人在与别人交往中伴有手拍打腿部的类似行为，那么表明他有什么想法呢？下面分别一一说明。

1. 拍打腿部

有时候，你可以看到某人会不断地、有节奏地拍打大腿。其实，他是想说"谈话到此结束吧，我想走了"。例如在医院，这个动作表明某人想要离开医院，但是又担心不礼貌或不合时宜而不能离开。

2. 扳动腿部

其具体动作是双腿交叉，两只手紧紧扳起其中的一条腿，这一动作被广泛地使用在各种场合。假如有人在你说话的同时，扳起腿部，这表示他对你的谈话未必认同。因为扳动的动作在身体语言中可以被解释为固执。它下意识说的话是"不要再劝我了，我的身体和想法都一样，是固定的，不会有任何改变"。

3. 抚摸腿部

当人们发现对方吸引自己的时候，就会不自觉地抚摸自己的腿部，即表示你很有魅力，我很想接触你；也表达了想对对方做出这样动作的感受。在通常的社会交往场合，这种动作并不多见，因为它的暗示意味极浓，无论是有意无意，它都暗指希望被抚摸或者抚摸别人的欲望。比如，在流行音乐会中，年轻姑娘们常会抱紧自己，如同希望被她们的偶像紧拥那样。在通常的社交会面中，这种极端的反应并不多见，但其暗示的意味依然存在。

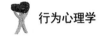

锁脚，为心加把"锁"

锁脚属于典型封闭式动作的一种，这样的动作容易增加自己和他人之间的对立，无法协调好自身的情绪。根据观察专家们的分析，人们在压抑紧张情绪或消极情绪的时候会锁脚。例如，很多面试的人和在医院中候诊的病人具有这样的动作，这正表现了他们内心的恐慌害怕，或者对事情缺乏把握。他们想控制消极思维外流、控制感情、控制紧张情绪，于是就选择这种姿势。做出这种动作的人，往往也比较沉默寡言，轻易不会说什么。若想化解这样的情绪，需要通过积极的言语，引导对方逐渐放松，从而打开他的脚踝。

而这个行为本身所表达的防御含义，通常会在女性身上体现出来，女性多采用这种行为表达对男性的抵触。假如你遇到了一位寡言冷漠的女性，她对你毫无兴趣，甚至心生厌恶，她也会在你面前做出这样的行为；不过，如果你遇到的是一位面色红润、见人羞怯的女性，那她做出这样的动作多半是因为与你不熟悉，害怕受到陌生人的伤害。这时，你可以利用主动攀谈的方式来化解她内心的紧张，从而发起交谈。

此外，锁住脚踝还是一种在做决定时左右为难、犹豫不决的信号。如果在交谈中，看到对方将脚踝锁在一起，这就证明他在思考的过程中遇到了困难，无法立刻做出决定。一旦遇到这样的信号，你就应当向他提出一些探查性的问题，帮助他改变这种行为，积极做出回应。实际上，从对方的角度看，这是他自我控制的一种表现，他虽然内心在犹豫，但不方便说出口，于是就会锁住脚踝，以避免自己轻易做出决定。

当然，也有人做出这样的行为仅仅是因为感到很舒适自在，但关键是这一行为有积极和消极之分。尽管你做锁脚的动作自己会感到很舒服，但是它向外界传递信号却是消极的，从而会对你的沟通和人际交流产生负面的影响。所以，我们应当尽量避免使用诸如锁脚这一类的消极身体语言。

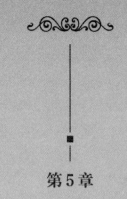

第 5 章

坐姿与性格对号入座

　　每个人在坐着时都会呈现出不同的行为姿势，有的人喜欢跷着二郎腿，有的人喜欢双腿并拢，而有的人喜欢两脚交叠，有的人半躺而坐，有的人猛然而坐，有的人干脆将椅子转过来跨骑而坐，如此等等，不一而足。那么，这不同的坐姿又反映了各自怎样的心理呢？

观察坐姿"三要素"

我们可以通过对人们不同坐姿的观察，洞悉对方心理。观察人们的坐姿，一般包括距离、方位和姿势这样三个要素。

第一要素：对方选择座位时，对你采取什么样的距离。

这个距离的大小，一般可以表示对方进入你领域的程度。倘若在公共汽车上，一个陌生人坐在你旁边，而且已经接触甚至挤碰了你的身体，必然引起你的不快。如果是你的密友或恋人坐在你身边，即使挤靠得很紧，你也绝对不会产生不快的感觉。这说明，允许对方进入自己领域的程度越大，双方之间的关系越亲密。

第二要素：对方坐在什么方位上。

倘若对方不是坐在你的对面，而是坐在你的旁边，说明他在心理上有倾向于你的一体感；而坐在你正对面的人，比坐在你旁边的人，更希望你了解他。倘若对方虽然坐在你的旁边，却急着将身体前倾，想看清你的面部表情，无疑对你怀有疑虑或关切之情。

第三要素：对方坐的姿势如何。

在沙发里深坐的人，心理上已占据优势，甚至念念不忘居高临下；而在沙发里浅坐的人，则有意表示恭顺，并表示他对你的谈话很感兴趣。在椅子上跷起二郎腿的坐法，倘若是男性，表示他内心怀有不肯认输的反抗意识；倘若是女性，也许是在有意吸引男子的关注。

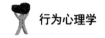

从座位画出人心"地图"

在日常生活中，对一个人坐的位置进行标记、分析，可以画出一张人心"地形图"来。

1. 座位的物理距离

这种距离的大小，可以表示主观上想侵犯对方身体领域的程度，从而能判断出他的一些心理想法，猜测他想干什么。

例如：

一对以身相许或卿卿我我的情侣，即使在很宽阔的沙发里，他们也会靠近对方的身边坐下，这当然并不是因为没有足够的空间，而是反映了他们如胶似漆的心态。

在大学的教室里，如果有人想积极参与讨论，这些学生大多数会坐在教室前面的位置上，反之，有些学生不常来上课，占用上课的时间出去打工，他们一定会坐在教室后方的，对于本科目不感兴趣的人，也会选择坐在后面。

2. 座位的方向含义

座位的方向含义有两方面：一是坐在对方的正对面或旁边；二是坐在背向房间的入口与里面的某处位置。坐在正对面和旁边，其表现的心理状态有所不同，面对面坐着有一种距离感。这时，两人之间有一张桌子或什么东西之类的障碍物会感觉比较舒服。而坐在侧旁的时候，就没有如此的限制，大多数人采用亲密的距离并肩而坐，彼此朝着同一个方向，注视相同的对象，在这种情况下，很容易产生某种连带感。而面对面的坐姿，双方都处于可以观察对方的最佳位置上，很容易产生视线冲突，造成对峙或尴尬的状态。

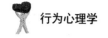

左腿交叠右腿——自信十足

坐时左腿交叠在右腿上，双手交叉放在腿的两侧的人，有较强的自信心。他们非常坚信自己对某件事情的看法，如果你与他们发生争论，可能他们并没有在意与你争论的观点的内容，虽然坐姿让人看起来觉得很入神。

他们很有天分，总是能想尽一切办法，并尽自己的最大努力去实现自己的理想。虽然也有"胜不骄，败不馁"的品性，但当他们完全沉醉在幸福之中时，也会有些得意忘形。

这种人很有才气，而且协调能力很强，在他们的生活圈子里，他们总是充当着领导的角色，而他们周围的人也都心甘情愿被他领导。

不过这种人有一个不好的习性，喜欢见异思迁，"这山看着那山高"。

右腿交叠左腿——个性冷漠

落座时右腿交叠在左腿上，两小腿靠拢，双手交叉放在腿上。

这种人一看就觉得非常和蔼可亲，很容易让人接近，但事实却恰好相反，你找他谈话或办事，一副爱理不理的举动让你不由得不反思"我是否看花了眼？"

你没有花眼，你的感觉很正确，他们不仅个性冷漠，而且性格中还有一种"狐狸"作风，对亲人、对朋友，他们总要炫耀他那自以为是的各种心计，以致周围的人不得不把他们想成心理不健全的一类人。

这种人做事，总是三心二意，并且还经常向人宣传他们的"一心二用"理论。

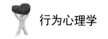

两腿分开，两手放开——标新立异

落座时两腿分开距离较宽，两手没有固定搁放处，呈现一种开放的姿势。

这种人喜欢追求新奇，偶尔成为引导都市消费潮流的"先驱"。他们对于普通人做的事不会满足，总是想做一些其他人不能做的事，或者不如说他们喜欢标新立异。

这种人平常总是笑容可掬，最喜欢和人接触，而他们的人缘也确实颇佳，因为他们不在乎别人对他们的批评，这是很难得的。从这方面来说，他们很适合于做一个类似社会活动家的工作。

不过这类人的日常行为举止着实不敢让人恭维，或许很多这种类型的人还没有认识到他们的轻浮给家庭和个人带来的烦恼，这只能说他们还没有到这一天。

两腿并拢，两手放两膝——谦逊踏实

有些人喜欢两腿和两脚跟紧紧地并拢，两手放于两膝盖上，坐得端端正正。

这种人性格内向，为人谦逊，情感世界很封闭，哪怕与自己特别倾慕的爱人在一起，也听不到他们一句"火辣"的语言，更看不到一丝亲热的举动，对于感情奔放的人来说，实在是按捺不住。

这种坐姿的人喜欢替别人着想，他们的很多朋友对此总是感动不已。因此，这种人虽然性格内向，但他们的朋友却不少，因为大家尊重他们的"为人"，此所谓"你敬别人一尺，别人敬你一丈"。

在工作上，这种人虽然话语不多，但却踏实认真，他们能够埋头为实现自己的梦想而努力。

犹如他们的坐姿一样，他们不会去花天酒地，他们很珍惜

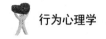

自己用辛勤劳动换来的成果，他们坚信的原则是"一分耕耘，一分收获"，也因此他们极端厌恶那种只知道夸夸其谈的人。在他们周围，想吃"白食"是不行的。

两腿并拢，手放腿侧——古板苛刻

落座时两腿及两脚跟并拢靠在一起，双手交叉放于大腿两侧。

这种人为人古板，从不愿接受别人的意见，有时候明知你说的是对的，但他们仍然不肯低头。

他们明显缺乏耐心，有时候哪怕是只有十分钟的短会，他们也时常显得极度厌烦，甚至反感。

这种人凡事都想做得尽善尽美，干的却又是一些可望而不可即的事情，他们爱夸夸其谈，而缺少求实的精神，所以说，他们总是失败。虽然这种人为人执拗，不过他们大多富于想象。说不定他们只是经常走错门路，如果他们在艺术领域里发挥自己的潜能，或许会做得更好。

他们对于爱情或婚姻也都比较挑剔，你会认为他们是考虑慎重，但事实不然，应该说是他们的性格决定了这一切，他们

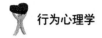

找"对象"是用自己构想的"模型"如"郑人买履"般寻觅，这肯定是不现实的做法。而一旦谈成恋爱，则大多数都倾向于"速战速决"，因为他们的理念是中国传统型的"早结婚，早生贵子早享福"。

两膝并拢，脚跟分开——羞怯保守

落座时两膝盖并在一起，小腿随着脚跟分开成一个"八"字样，两手掌相对，放于两膝盖中间。

这种人特别害羞，多说一两句话就会脸红，他们最害怕的就是让他们出入社交场合。这类人感情非常细腻，但并不温柔，因此这种类型的女性经常让男人觉得莫名其妙。

这种人可以做保守性的代表，他们的观点一般不会有太大的变化，他们对许多问题的看法或许在几十年前比较流行。在工作中他们习惯于用过去成功的经验做依据。这本身并不错，但在资讯时代到来的今天，因循守旧肯定是这个社会的淘汰者。

不过他们对朋友的感情是相当真诚的，每当你有求于他们的时候，只需打个电话就肯定会为你效劳。

他们的爱情观也受着传统思想的束缚，经常被家庭和社会的压力压得喘不过气来，而自己仍要遵循"三从四德"。

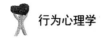

两腿分开，两脚并拢——坚毅果断

落座时大腿分开，两脚跟并拢，两手习惯于放在肚脐部位。

这种男人很有男子汉的坚毅气概，有勇气，也有果断力。他们一旦决定了某件事情，就会立即付诸行动。在爱情方面，他们一旦对某人产生好感，就会去积极主动地表明自己的意向，不过他们的独占欲望相当强，动不动就会干涉自己恋人的生活，时常遭到自己恋人的讨厌。

他们属于好战型的人，敢于不断追求新生事物，也敢于承担社会责任。这类人当领导的权威来源于他们的气魄，其实很多人并不真心尊重他们，只是被他们那种无形的力量威慑而已，从另一个角度来说，他们不会成为处理人际关系的"老手"。

如果生活给他们带来什么压力的话，他们能够泰然处之，但当他们遇到比较棘手的人际关系问题时，多半会束手无策。

半躺而坐，手抱脑后——热情随和

落座时半躺而坐，双手抱于脑后，一看就是一种怡然自得的样子。

这种人性格随和，与任何人都相处得来，也善于控制自己的情绪，因此能得到大家的信赖。

他们的适应能力很强，对生活也充满朝气，于任何职业好像都能得心应手，加之他们的毅力很强，往往都能达到某种程度的成功。这种人喜欢学习但不是很求甚解，可能他们要求的仅是"学习"而已。

他们另一个特点是个性热情，挥金如土。如果让他们去买东西，很多时候他们是凭直觉的喜欢与否。对于钱财他们从来就是看作身外之物"生不带来，死不带去"，以至于他们时常不得不承受因处理钱财的鲁莽和不谨慎带来的苦果，尽管他们挣的钱不少。

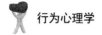

他们的爱情生活总的来说是较愉快的，虽然时不时会被点缀上一些小小的烦恼。这种人的雄辩能力也很强，但他们并不是在任何场合都会表演自己，这完全取决于他们当时面对的对象。

落座动作透射出的心理动态

不仅坐姿可以反映出人的性格，就是落座时的动作行为、方式也可以透露一个人当时的心理状态。

1．在他人面前猛然而坐

很多人都以为这是一种随随便便、不拘小节的行为，其实不然，这个举动恰恰反映出此人心神不宁或有不愿告人的心事，因此以这个动作来掩饰自己的心理。

2．坐在椅子上摇摆不定或不断抖动腿部或用脚尖拍打地面

这说明此人内心的焦躁不安，有点不耐烦，或为了摆脱某种紧张感而为之。与你并排而坐的人，如果有意识无意识地挪动身体，说明他想要与你保持一定距离，可又碍于面子不便挪动。

3．舒适地深深坐在椅内

这种坐姿表示他有着心理优势。所谓坐的姿势，是人类活动上的不自然状态，在心理学上常称它为"觉醒水准"的状

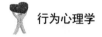

态，随着紧张的解除，该"觉醒水准"也会因而降低。因此腰部是逐渐向后拉动，变成身体靠在椅背、两脚伸出的姿势。此姿势并非一旦发生何事，立即可以起立的姿势。这是认为跟不必过分紧张之人所采取的姿势。

4．将椅子转过来，跨骑而坐

这种人一般自我意识比较强，总想唯我独尊，称王称霸。或当人们面临语言威胁时，或对他人的讲话感到厌烦时，想压下别人在谈话中的优势而做出的一种防护行为。

5．喜欢与别人面对面坐

这类人应该比较好相处，因为他们希望自己能被对方所理解。

6．斜躺在椅子上

这说明他比坐在他旁边的人更有心理上的优越感，或者处于高于对方的地位。

7．直挺着腰而坐

这是表示对对方的恭顺，也可能表示被对方的言谈所打动，或表示欲向对方表示心理上的优势，这些要视当时情况而定。

8．始终浅坐在椅子上

这是一种处于心理劣势的表现，且欠缺精神上的安定感，也是缺少安全感的表现。因此，对于持这种姿势而坐的客人，如果同他谈论要事或托办什么事，还为时过早。因为他还没有定下心来。

第 6 章

站有站相，个性风格大亮相

　　一个人的站立行为姿态也能极大反映出他的性格特点，每个人都有自己习惯的站立姿势，不同的站姿可以显示出一个人的性格特征，对其精神和心态都有集中的体现。心理学家经过反复研究分析，证明通过观察人们不同的站立动作，能捕捉到丰富的信息符号。

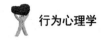

双脚站立，左手插兜——敦厚笃实

站姿与坐姿一样，是由一个人的修养、教育、性格和人生经历决定的，所以它无不反映出一个人的心理和性格。

站立时双脚自然站立，左脚在前，左手习惯于放在裤兜里。

这种人的人际关系较为协调，他们从来不给别人出什么难题，为人敦厚笃实。

如果让这类人去与客户建立关系，他们时常是先站在客户的立场替客户着想，帮助他们分析利弊，这在人情味重的东方国度里，往往会收到神奇的效果，纵使现在的社会到处充斥着商场如战场的不友好而又正常的气氛。

这种人平常喜欢安静的环境，找一二个知己叙旧或者摆弄一下棋盘，给人的第一印象总是斯斯文文的，不过一旦他们碰上比较气愤的事，他们也会暴跳如雷。

对于男女关系的问题他们有一种大彻大悟的体会，"男人不必为女人活着，女人也不必为男人活着"。他们最讨厌把感情建立在金钱上，也最不愿听到别人说他们是为了某种目的而与某人交往。

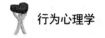

双脚站立，手插兜又拿出——谨小慎微

站立时双脚自然站立，双手插在裤兜里，时不时抽出来又插进去。

这种人比较谨小慎微，凡事喜欢三思而后行。如果让他们做一件事，他们会先列一份计划。在工作中他们最缺乏灵活性，往往生硬地解决问题，事后又常后悔，这不能不说是这种类型人的悲哀。

他们的这种行为姿势给人的感觉是他们好像总有很多事情等着他们去做，其实是因为他们经常不知如何是好。

这种人的伟大之处是他们把爱情看得异常神圣，从不轻易玷污，以致在西方人眼里，总是觉得不可理喻，或许，这种人只应该出生在东方。

他们既不轻易喜欢上一个人，更不会轻易向人表达他们忠贞的爱情。

　　他们常爱把自己关在一个小屋子里，苦思冥想，构筑自己的希望。抑或正因为如此，他们大都经受不起失败的打击，在逆境中更多的是垂头丧气，此谓：希望越大，失望也越大。

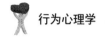

两脚并拢，手托下巴——多愁善感

站立时两脚交叉并拢，一手托着下巴，另一只手托着那只手的肘关节。

这种人多数是工作狂，他们对自己的事业非常热爱，工作起来非常专心，废寝忘食的行为对他们来说是家常便饭。

这种人更为明显的特点是他们多愁善感，你从他们丰富的面部表情就可以看出，他们是那么的容易喜怒无常，甚至在他们的言行中也表露无遗。刚才还喜笑颜开，夸夸其谈，突然脸色沉了下来，一句话不说，最多时不时地在你们谈话中苦笑一下，显得很深沉的样子，谁也不知道是什么原因。

他们对这个世界充满爱心，而且极有奉献精神。

这种人很坚强，他们一般不会向人屈服，也不会由于重重地摔了一跤，就不再继续往充满泥泞和荆棘的道路上前进。

两脚并拢，手放身后——爱听恭维

站立时两脚并拢或自然站立，双手背在身后。

一般情况下，这种类型的人与别人相处得比较融洽，可能很大的原因是由于他们很少对别人说"不"。人的感情往往受着一种潜意识的支配，都愿意听到别人对自己的赞美，而这种人生来就是学这套的。

他们在工作中不会有什么创新，踏实到毫无反对意见的地步。他们不是"拍马屁"的高手，甚至他们不知道该怎样"拍马屁"，但他们却经常拍到"马屁"，应该说是他们运气很好。

他们的快乐来源于他们对生活的知足，而不愿与人争斗的个性既带给他们愉快，也带给他们烦恼。

这种人大多在感情上比较急躁，经常看到他们爱一个人爱得轰轰烈烈，也经常听到他们发誓不嫁（娶）人，如果让他们去经受爱情的长期考验，八九不离十，他们要成为爱情的逃兵。

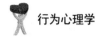

两脚平行，手抱胸前——性格叛逆

站立时双手交叉抱于胸前，两脚平行站立。

这种人的叛逆性很强，时常忽视别人的存在，具有强烈的挑战和攻击意识。

我们经常在电影、电视里看到这种姿势，因为他们对对方不屑一顾；我们也经常在周围的人群中看到这种姿势，因为他们正在向对方显示自己不可一世的气魄。这就是这种人的本性，他们很会保护自己，不管遇上何种情况，都喜欢打抱不平，因为他们骨子里流的就是好斗的血。

在工作中，他们不会因传统的束缚而绑住手脚，即使手脚被绑，他们也会用牙齿咬断这根绳索，如果嘴也被封住，他们会不断地用鼻孔出粗气，显示有他们的存在。这种人的创造能力也比其他类型的人发挥得更淋漓尽致，并不是因为他们比其他人聪明，而是他们比其他人更敢于表现自己。

双脚站立，手放腹前——爱出风头

站立时双脚自然站立，偶尔抖动一下双腿，双手十指相扣放在腹前，大拇指相互搓动。

这种人的表现欲望特别强，喜欢在公共场合大出风头。如果什么地方要举行游行示威，走在最前面、扛着大旗的多数就是这种人。

他们大都争强好胜，容不下别人。倘若大家都说太阳是圆的，他们可能会说是方的，如若大家都说是方的，这种人可能会问大家："太阳怎会是方的呢？"他们不是愚蠢，他们聪明得很，大家都不能办到的事，他们仍旧会坚持。

虽然这种人喜欢出入于社交场合，其实他们的人际关系很差，以至于他们不得不把"静坐常思自己过，闲谈莫论他人非"作为座右铭挂在墙上。虽然他们敢作敢当的行为能够改变自身的坏形象，但仍然免不了不合群。

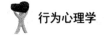

站立时腿脚的语言信号

站立时，腿的重心放在左边还是右边，有什么意义呢？如果某人把重心放在左腿上，表明他在这一时刻里，主要受情感支配；如果重心转到右腿，那么他更多的是在琢磨什么事。在谈话的过程中，我们也可以观察到，对方内心的"钟摆"在左右摆动。在这里，情感指的是整体的感受；而相反，琢磨则是集中于细节。如果摇摆得太厉害，就会丧失立场。比如说，你的谈话对手看上去心里有点不踏实，你无法决定是听从情感所说的话，还是服从理智对他的要求。

我们可以观察一下，某人站立的时候，重心是支在脚底的哪个部位，就是说，他是如何保持平衡的。把重心放在脚跟上的人，属于保守型。他的身体略向后偏，即使需要他往前行走，他的走步也总是要比别人慢一拍。在迈开一只脚，或者前脚掌着地之前，他先要把平衡点移到中间。重心在脚跟上的人，需要一个缓冲地带。

他不愿意冒险，无论是在资金、知识还是地位方面，都是这样。简而言之，他不愿意把自己已经得到的东西孤注一掷。

总是把重心放在前脚掌上的人，反应很敏捷。一有动静，身体就会往前移动。他反应很快，但往往失之于鲁莽。

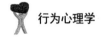

电汽车上的站姿心理学

如果是在公共汽车或者地铁上站立，可以通过一个人抓吊环的方式来判断其性格：不抓吊环，而仅抓环上的皮革的人可能是有洁癖的人，他觉得环圈很多人都拉，一定有细菌。

只用指尖勾住吊环的人，其独立自主能力极强。如果是男性，他个性比较高傲，虽然他有时也会听别人的话，但却绝不附和。

紧握吊环的人喜欢将手与吊环完全接触，如此他可获得掌握感。他的独占欲比他人强烈得多，同时他也十分需要安定。

一只手抓两个吊环的人其依赖心很强，或是意志薄弱，或是他已非常疲劳了。

用指尖捏着吊环的人无论车体如何晃动，他都站得极稳，他的手指只不过是形式上的抓握而已。他是非常慎重的人，不太依赖别人，同时做任何事考虑得都很周到。

虽然抓住了吊环，但手却不停在动的人，可能有些神经质，也表示他内心十分不稳定。

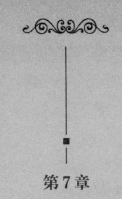

第7章

形色走姿折射多彩性情

　　不同的站立姿势可以体现人不同的个性特征，同样，不同的走路
姿势也能体现出人不同的个性特征。

　　不同的走路姿势表露着不同的信息，我们可以从这种信息中看出
他人的不同性格。不管是男人女人，一个人走路时的姿势，都或多或
少能"说出"一些个人的内在信息。观察一个人怎么走路，你会觉得
生活真是妙趣横生！

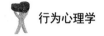
昂首挺胸型——高傲自大

走路时抬头挺胸，大踏步地向前，充分显示自己的气魄和力量，当然难免给旁人一种高傲的感觉。

这类人爱以自我为中心，我行我素，淡于人际交往，不轻易投靠和求助别人，哪怕他碰到自己根本无法解决的事情也是这样。

他们思维敏捷，做事条理性强，考虑问题比较全面。也许不是很复杂的一件事情，他们也时常为自己拟定一份计划。

他们习惯于修整仪容，衣履整洁，时刻使自己保持着完美的形象。无论是逛街还是访友，出门前他们总喜欢在镜子前端详一下自己，头发凌乱否？发型完整否？衣服平整否？皮鞋光亮否，等等。

这类人的最大弱点是羞怯和缺乏坚强的毅力。经常看到他们有很多宏伟的计划，却很难发现他们事业的成就，加之个性羞涩，难以主动与人交往，时常不能充分发挥自己的能力。于是他们时常有一种"黄金埋土"的感觉。

这种人还极富组织能力和判断力，可惜他们时常说得多做得少。

"说话的巨人，行动的矮子"，多数形容的都是这种人。

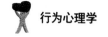

步伐急促型——性情急躁

步伐急促的人性情急躁，或许是由于腿短的原因所致。不过，走得快的话，心情自然较为急迫。"先悲而后泣，后泣而先悲"，悲与泣是有因果关系的。

步伐急促的人，他们不管有事还是无事，不管去办事的地点远还是近，即使他有的是时间，走路时仍旧急急匆匆，两脚掌翻得特别快，仿佛总是有急事。

这类人的时间观念比较强，遵守时间，在他们眼里，每浪费一秒就是在慢性自杀，做事讲求效率，从不拖泥带水。因此这类人是典型的行动主义者，大多精力充沛，适应能力特别强，敢于面对现实生活中的各种挑战。

如果你的下属员工里有这样的人，无论怎样劝说，他都会按照自己的思维方式做事，一定让你十分气愤。对于这种人，应该努力发现他们的优点，他们适应能力特别强，尤其是凡事讲求效率，从不拖泥带水等。如果你去让他们给你完成某工作（不要带威胁的口气），他们一定会在最短的时间里使你满意。

　　他们的另一个特点是敢于承担责任。因此，很多人愿把他们作为可靠的朋友，其实就算"终身"委托于他们也一定不会错。

　　这样的人适合做市场销售，性格偏于执著，自己认准的事情，就一定要做到底，不会回头，并且不听其他人的建议，早年与中年运势好，晚年偏于操心身体差。

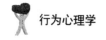
步伐平缓型——沉稳守信

走路时步伐缓慢稳健、步速步幅均匀，总是一副慢吞吞的样子，你无论说得如何急他都不在乎。

这种人情绪稳定，生活和工作较有规律，注重现实，是典型的现实主义派。

他们凡事讲求稳重，三思而后行，绝不好高骛远，"癞蛤蟆想吃天鹅肉"的情况绝对不会发生在这种人身上。

如果他们在事业上得到提拔和重视的话，也许并不是他们有什么"后台"，而是他们那种务实的精神给自己创造的条件。

这类人的观点是"眼见为实"，因此他们一般不轻易相信别人，不知道这是他们的优点还是弱点。但把他们作为朋友一定相当不错，因为他们特别重信义、守承诺，沉稳可靠，是可以信赖的人。不过要是你属于经常撒谎的人的话，最好别和他来往。

方步行走型——稳健明智

行走习惯踱方步的人，性格是非常稳重的，不论遇到什么事，他们都能保持清醒的头脑。他们不希望被任何带有感情色彩的东西左右了自己的判断力和分析力。

这种人在别人面前，常以有理性和自控能力而受到别人的尊重。他对此欣然接受，但不露声色，是一个部门中的稳健派。他平时做事非常小心，言谈举止都尽量保持温文尔雅，绝对不想让别人觉得他粗俗不堪。

但他有时也觉得累，为了保持自己的尊严，他很难在人前笑口常开。绝不流露感情，哪怕是一点点，他也绝不允许。这是他的准则。

他对自己的身体形态进行严格控制，虽然别人敬畏他，可他在一人独处时却感到压抑。因为这种人涉世极深，对人情世故有深刻的了解。

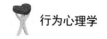
在和别人交际方面，这种人表现的与他本人一样四平八稳，始终坚持点到为止，避免自己陷入太深的境地，不能自拔。任何事件引起强烈震动，也不会使他的情绪受到影响，像一个冷血动物。所以他从未露出热情奔放的一面。

这种人最相信的一句真理是：君子之交淡如水。别人很难察觉到他在情感世界生活得如此之苦，他的家庭也仅仅是他稳重面孔的一个装饰。但他还是对自己的事业乐此不疲。他的唯一快乐，就是沉浸在事业的成功中。

碎步行走型——孤芳自赏

对于用碎步型行走的人，要想观察他们的隐秘内心是很困难的。他们的生活方式是兔子式的，躲躲藏藏，行为乖戾，从不外露。也就是说，只能从他们细微的外在行为中，了解他们、观察他们。抓住他们的每一个跳跃性行为，才能阐释他们的性格特征。从这些人走路的姿态上看得出，他们很腼腆，不合群，说话的声音并不浑厚，甚至是尖厉。

他们为自己的这些女性特征而感到羞愧，所以他们很难出入社交场合，给人的感觉总是郁郁寡欢。

这种人在生活上相当克制自己，有时带有残酷性。不允许别人走进自己的生活。喜欢整洁，对自己周边的事物会很细心地打理。

他们在衣着方面不偏不倚，从不突出自己的个性。从不试着打入别人的圈子，同时，也不允许别人走进自己的内心世界。除

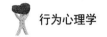

非这个人非常了解自己或有同样的生活习性。

在性格方面，他们有一个显著的特点：那就是当他习惯了用某种方式去做一切事情时，即使有干扰也不会轻易改变的。

当他们一旦发觉有人引起自己的反感时，会一直讨厌那个人，即使环境如何改变，或者对方如何改变自己的态度，他们都会坚持自己的看法。

在友情上，这种人只有为数不多的朋友，而且都是相识很长一段时间的朋友，因为他们不是那种随便结交朋友的人。

对自己所要结交的人会进行仔细观察，他们担心别人不会尊重自己，甚至会在言语上伤害自己，所以他们希望对方和自己有着共同的情趣和嗜好，然后才决定对方是否可以成为自己的朋友。

很多不了解他们的人，认为他们过于保守、偏激、愤世嫉俗，而且还在一定的程度上孤芳自赏，但他们自己很清楚，其实他们不过想守着一些别人不能理解的原则做一个自我而已。

如果一个男性用这种方式行走，那么就会被认定为偏女性化，这对一个男人来讲是相当糟糕的。

身体前倾型——温和谦逊

走路时上身向前微倾，经常低头走路。这类人的性格较为温柔和内向，见到潇洒的男性或漂亮的女性时多半会脸红。但他们爱思考，谦虚含蓄，小心谨慎，一般都有良好的自身修养，女性则属于"大家闺秀"之类。

有的人走路时习惯于上身向前微倾，并不是因为他们走得较快需用身体来平衡，相反你会发现他们的步伐特别的平稳。

这类人从不花言巧语，与人相处也是一副"借他米还他糠"的冷漠样，很难与人亲近，但却珍惜自己的友谊和感情。

他们表面上虽沉默冷淡，但却极重情意，一旦成为知交则至死不渝，尤其在恋爱或婚姻出现分歧、决裂时，他们总是抱着"宁肯他负我，我绝不负他人"的观念。也因此他们时常对生活感到厌倦，因为较之其他类型的人来说，他们容易受伤害，而且不愿向人倾诉。

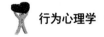
走路摇摆型——善良诚恳

一般来说，摇摆型这种走路"行态"多出现在女性身上，不然就是喝醉了酒或者装疯卖傻，故意摇摇晃晃、歪天倒地的样子，当然也可能是"神经病"。

这类走姿的人看似行为随便，但他们待人热情诚恳，处事坦荡无私，本性善良，很容易与人相处，大凡社交场合总是他们的天下。

如果能忘记这种人走路的形态而与他交往，他总会乐意帮助你解决你的问题和困难，而且不需要你的感激。

日常生活中他们总爱出风头，经常无意地取笑别人，谈话时总是"口无遮掩"。但他们对爱情和婚姻却相当谨慎。

步态摇摆的男人可能嘴面上又给人放浪不羁的感觉。

军事步伐型——意志坚强

走路如同上军操，步伐整齐，双手有规律性的摆动，在我们看来非常做作的人却感觉这样协调。这种人意志力较强，对自己的信念非常执著，他们选定的目标一般不会因外在环境和事物的变化而受影响。

这种男人往往最讨女人欢心也最让女人讨厌，因为他们一旦看上某个女人，就会非追到手不可，只要你答应他，他愿意每天拉着人力车来接送你。

这类人如果能充分发挥自己的长处，一定收效颇丰，因为他们对事业的执著是其他类型的人不可比拟的。

但是，如果你的上司是这种人的话，日子可就不好受了，很多时候你会"吃不了兜着走"，因为他们一般都比较独裁，而且有时候甚至会固执地坚持，直到达成他个人的理想和目标。

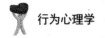

东张西望型——猜忌心重

任何时候，走起路来都东张西望，慌慌张张，一副神色仓皇的模样，这一走型的人善于观察，反应敏捷，但他们心思不定，意志无法集中，缺乏统筹全局的能力，没有决断力。

有的人在走路时总喜欢一边走一边回头看，好像后面随时会出现跟他有关系的人或事一样。不是后面有人跟踪，或是发生了什么事情，他偏偏要频频回头。

这类人大都具有猜忌心理，疑神疑鬼之心颇重，往往无事生非，把单纯的事搞得复杂无比。他们有着较强的嫉妒心，很难相信别人，与人相处，欠缺协调合作，常常闹出人事纠纷，影响了工作效率。

走路手指动作中的心理解密

不仅从走路的姿态可以看出一个人的心理习性，一个人走路时手指的动作，也可以看出其心理的变化和性情特征。

1．走起路来速度很快，且五指伸得笔直

这类人大都认真严肃，言出必行，只要想做什么事情，就一定努力去做，直到达成目标。这类人对自己要求非常高，能遵纪守法，为人稳重、成熟富有责任感。只是过于严肃，往往给人留下太正经的感觉。

2．走路时速度一般，手掌自然握成拳状

这类人属于行动派，说干就干，不喜欢办事拖泥带水之人。这类人很有正义感，喜欢帮助弱者，敢于仗义执言，在人际交往中，也比较受大家的喜爱。

3．走路时习惯将手插在口袋里

这类人大都心思细腻，比较多愁善感。他们很看重感情，

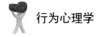

也很懂感情，因此，一生中会有很多感情经历。潇洒的外表，十足地吸引着异性，而身上偶尔流露出的忧郁气质，更为他们平添一种吸引他人的魅力。

4. 走路时速度较慢，双手五指自然弯曲

这类人属于自律性极强的人，但对他人却很宽容。他们看上去有点懦弱，但实际上非常有思想、有主见，是能成就大事的人。他们对待爱情也是忠贞不渝的。

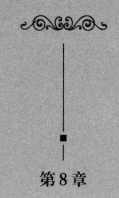

第 8 章

张口说话，就是为自己画像

张口说话，就是为自己画像。言谈能充分展示出人的职业、身份、素养和个性。根据一个人的话语，能判断出他的生活状况，更能了解他的心理和情绪。可以说，每一种说话方式都有一些缺点或弱点，言谈是推断一个人的性格及心理特征的重要窗口。

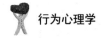

说话流畅的人坚定冷静

思路清晰、语速适中、用词准确并且声声入耳，是典型的顺畅型说话方式。习惯这种说话方式的人，要么不说话，要么对整个事物进行分析研究，得出全面深刻的认识，一旦开口便滔滔不绝，且头头是道。当然，这类人也是狡辩和反驳的高手，他们善于偷换概念、打擦边球、使用外交辞令，和这类人打交道，稍有不慎，就可能会惹祸上身。

这类人在讲话时会考虑自己的言语或表达方式，给人一种心理成熟的感觉。事实也是这样，一般情况下，他们在面对问题时，能沉得住气，不会鲁莽和急躁。这类人不喜欢事事问别人，他们有自己的主见，而且头脑极为冷静。在面对这类人时，不要试图去说服他们，因为没有人能轻易改变他们的想法。

说话条理清晰、语言流畅的人，内心非常强大，他们几乎认为任何事都可以通过努力完成，对自己有非常高的期许和认可度。在面对困难和压力时，这类人也总是能保持冷静和客观的思维，即使遭遇失败，他们也会重整旗鼓，东山再起。总而言之，这是一类可以让同伴庆幸让对手胆寒的人。

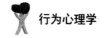

语调激昂的人自信执著

激进的说话习惯是一种强势的表现。这类人说话时语调高昂、声音洪亮、措辞激烈，这类人大都开朗自信，而且精力充沛，有着较强的意志力，不容易被困难吓倒，因此，很容易获得成功。

这类人通常懒于动脑，总是寻求用最简单、最粗暴的方法来解决问题，当然，这种做法经常会使他们陷入困境。不过，这类人的性格通常比较坦诚和率真，他们表里如一，即使在压力和困难面前也从不做违心的事情。

从这个角度来看，他们又是非常具有原则的一类人，一旦认准自己的目标和方向，也能够从一而终、坚持不懈，直到成功的那一刻。他们往往会为了自己的信仰和真理挺身而出，不惜抛头颅、洒热血，和一切恶势力进行抗争。

语气尖锐的人盛气凌人

　　说话时语气尖锐的人，大都十分固执、一意孤行。他们喜欢与人争辩，不给别人任何反驳的机会，而且也很少改变自己的初衷。有些时候，却对自己说的话不能负责。

　　这类人大都比较神经质，情绪变化不定，经常会因为一点小事而大发脾气。如果男性说话声音高亢，表明其个性比较狂热，容易兴奋也容易疲倦。

　　语气尖锐的人，盛气凌人的语气中虚张声势的成分会比较多一点，因为这实际上是一种畸形的自信，是一种建立在不自信基础上的抗争。

　　当然，这种气势有时候也会起到一点积极作用，甚至在一定程度上达到了行为人的预期目的。而他们在实际中取得的胜利也是需要建立在对全盘的了解和掌控之上，他们需要具备扎实的功底，对自己和对手进行充分了解，并且对事情的发展规

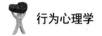

律与规则进行深度透析，然后谋而后动。

所以，虚张声势无异于铤而走险、孤注一掷甚至以命相搏，即使最终成功，也是饮鸩止渴。

沉默寡言的人见解独特

沉默寡言的人，很少公开表达自己的想法和立场，但他们饱读诗书、学识渊博，有一整套的思想作为他们判断的依据，因此，这类人一旦形成自己的观点便绝不会再改变。

这类人往往有逆向思维，善于在大多数人意见保持一致时提出自己的反对意见。西方有一句非常著名的谚语——真理往往掌握在少数人手里。一般来说，一个人对众口一词的观念进行反驳，很容易让人联想到不合群、自负、清高等。但心理学家研究发现，虽然这类人往往站在人群的对面，但实际上他们的判断更有可能是正确的。

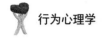

絮絮叨叨的人喜欢抱怨

所谓絮叨的说话习惯，就是指唠叨、苛责、怨天尤人等负面行为。这类人往往目光短浅、心胸狭隘，眼睛总是死死盯住眼前的利益不放。在现实生活中，这类人也总是过于关注一些旁枝末节，在喋喋不休的抱怨声中招人反感。

此外，这也是一类非常敏感的人，一旦出现风吹草动，就会像受惊的麋鹿一样立即做出反应。甚至对于那些根本与他们毫无干系的事物，也会莫名其妙地和自己产生联想。因此，这类人的命运又是非常辛劳和坎坷的。不过，他们一般都具有务实精神且精力充沛，他们谨小慎微，从不脱离实际，在进行一些具体的工作时，也会比较称职。

谈吐憨厚的人诚实本分

说话谈吐憨厚的人，是指那些有一说一、据实而述的人，他们从不夸夸其谈，也不回避属于自己的责任，更不说谎。

这类人心态平和，做事认真负责、按部就班，为人诚实本分，有时甚至给人一种木讷呆板的感觉。但在实际的工作生活中，这类人却又往往是比较成功的，因为他们拥有良好的人际关系。和那些工于心计、小肚鸡肠的人比起来，性格憨厚的人总能带给身边人更多的帮助和温暖，而不是背叛和责难，所以，憨厚的人都会具有良好的人际关系，这已经是一个不争的事实。

另一方面，天性憨厚的人通常都具有完美的德行，因此，他们在成为领导后，会受到格外的爱戴与拥护。此外，心理学家统计发现，这类人大多数都会无忧无虑、幸福安康地过完自己的一生。

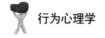

口气温柔的人宽厚大方

说话口气温柔的人，性格优雅，为人宽厚大方。

他们大多性格温和，不会争强好胜，对权欲不看重，与世无争，也不会轻易得罪别人。但这种人的意志力往往比较薄弱，胆小怕事，畏惧麻烦，对人对事会采取逃避的态度。如果这一类人能多加锻炼，增强自己的胆识，知难而进，果断勇敢而不犹豫退缩，就会成为一个刚柔并济的人物。

他们比较恪守传统，反应不够敏捷果断，对于新生事物的接受能力不强。然而，他们一旦培养出果断、勇敢的性格，就会变得从容自如，具有长者风范，对新生事物能够秉持公正的态度。

吞吞吐吐的人内心懦弱

总是使用吞吐、低缓的语气与人交流的人，恐怕在第一印象中就已经给人不好的感觉，这类人的性格多数比较软弱，缺乏自信。

在这类人看来，外部环境给他们造成了极大的压力，也许是因为种种沉重的负担，也许是因为身边人的优秀，他们根本没有可能在这种环境中显露自己。而实际上，无论是自信还是自卑，首先都是来源于行为人的内心。

一个真正内心强大的人，根本无所畏惧；而一个内心弱小的人，眼前的任何事物都可以成为他们惧怕的对象，如世俗的眼光、失败的痛苦、既得利益的冒险，甚至是一些对他们来说根本无足轻重的人和事。

钟情于这种语气的人性格中自恋的成分多一点，即使他们本身丑陋，或者才智平庸，他们自己也绝对不会这么看，也根本不会这么想。如果作为一名女子，这样的语气是无可厚非的，而且很可能是一种高素质和高修养的体现，尽显她们的柔美和温婉。但是在相关课题的研究过程中，心理学家发现，为数不少的男性说起话来同样像性格温柔的女性一样，这就说明行为人的价值定位和人生追求出现了一定的偏差。这类人在具体的工作生活中，关注自己的程度也会大大多于别人和整个外部世界，如果情况严重，这很可能是一个自闭甚至略带神经质的人。

模棱两可的人优柔寡断

有的人在与人交流过程中，习惯性地加入"如果"、"假如"、"假设"等条件词语，这类人的性格中最明显的特性就是优柔寡断、犹豫不决，做事不切实际。他们会在自己的头脑中将事情想象得几近完美，即使是一个细节甚至是旁枝末节也不会放过。

不过，这类人的所有设想都是脱离实际的。他们可以将事情在纸上演化得合乎情理，完全在逻辑之内，但一旦应用于实际，他们的失败就在顷刻之间。此外，这类人面对困难和失败的能力也有所欠缺，他们很少从自身找原因，而总将责任归咎于别人或环境等客观因素。不过，从另一个角度来看，如果这类人从事一些书面上的工作，他们的价值还是可以得到实现的。

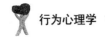

说话行为隐藏的性格特征

一个人说话时，会表现相应的行为动作。一般情况下，通过观察对方说话时的行为动作，就能够大致获悉一个人的性格特征。

1. 说话时习惯做出各种手势的人

一般情况下，如果他是男性，可能表明其性格比较骄傲自负，很少能听得进去不同的意见；如果女性在说话时常做出各种手势，说明她是一个个性活泼的人。

2. 靠着桌子说话的人

这类人大多个性保守，对于新的事物不会很快就接受，但他们往往会热衷某件事情。有烦恼时，也通常会用胡乱涂鸦的方式来平复内心的焦躁。

3. 说话时习惯将手插入口袋的人

这类人非常自信，而且好恶分明，对喜欢的人真诚热心相待，对不喜欢的人几乎不予理睬。不过，这类人的某些行为会给人以装腔作势之感。

4. 说话时眼睛瞪着他人的人

这类人通常比较神经质，而且气度小。另外，这类人欠缺耐力，行为不够沉稳，因此在做事时容易半途而废。

5. 自己说话自己点头的人

这类人也是非常自信的，而且十分固执。他们虽然具有积极的行动力，能在做事时一鼓作气，但往往不喜欢采纳他人的意见。这跟时常夸赞自己的人有着同样的个性。

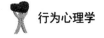

听话行为隐藏的内心秘密

不只从一个人在说话时的行为表情中能大概了解其性格特征，同时，根据一个人在听别人说话时的行为表情，也同样可以了解其性格特征。

1. 微笑着看对方说话的人

在人际交往中，可以经常看到这样的人，他们总是静静地听别人说话，而且一直微笑着面对谈话者。对于这种情形，不可以简单地断定他对对方的观点持相同意见，也就是说，他的微笑也许只是一种掩饰内心最得体的方法。因此，这类人性格内敛，做事不露锋芒，不喜欢将自己内心的真实想法告知于人，喜怒不形于色，为人小心谨慎。因此，不论面对怎样复杂的人际关系，他们都能应付得当。

2. 听人讲话时皱着眉头的人

有些人在听别人说话时，习惯皱着眉头，也很少发表自己的意见。这并不是说他们对他人的见解有不同的想法，而是他们正在认真聆听对方，并对此深入思考。这是一类具有批判性格的人，对于他人的观点，总想给出不同的意见。

3. 听人说话时总是咬嘴唇和吐舌头的人

这类人多属于心无城府、喜怒形于色的性格，他们很容易将自己内心真实的情绪表露出来。

因此，在交流中，如果发现对方做出这种表情，说明他对你所说的内容兴趣不大，或者他想要发表自己的看法，只是还没找到合适开口的方式。

4. 听人说话时，做出眼睛向下看，嘴角下垂表情的人

心理学家莫里斯认为，如果一个人在听他人说话时，眼睛向下看，嘴角下垂，意味着他想保持自己的权威和尊严。如果眼睛眯成一条缝，可能说明他很疲倦了，所以说话的人就该结束自己的话语，或者换一个话题。

第 9 章

习惯行为，窥一斑知全貌

　　一个人的本性往往通过日常生活中的细小行为表现出来，比如写字、签名、敲门、打电话、开车及运用下意识和习惯行为动作等，都在不经意间反映了一个人的心理状况和个性特质。仔细观察这些小动作，能够看清一个人的内心世界。

　　生活状态为阐释人类的行为提供了良好的实验机会。我们可以将自己尽可能置身于被观察者的立场，去体会对方的一举一动。只要仔细观察，就能收到窥一斑而见全豹之效。

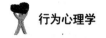

随手涂写显露真性情

我们每个人都有这样的经历：闲来无聊时在一张纸或是其他什么东西上随便地涂涂写写。心理学家指出，这种无意识的乱涂乱写行为，往往能显示出一个人的性格来。因为人内心的真实感觉，正是通过涂写这个过程显露出来的。

1. 喜欢画多层折线的人

大多分析能力比较强，而且思维敏捷，反应速度快。

2. 喜欢画单式折线的人

在很多时候都处在一种相对紧张的状态之中，情绪不稳定，时好时坏，让人难以捉摸，因为单式折线代表内心不安。

3. 喜欢画波浪形曲线的人

个性随和而且富于弹性，适应能力很强，善于自我安慰，遇事愿意往好的方面想。

4．喜欢画三角形的人

理解能力和逻辑思维能力多比较强。在绝大多数时候能够保持头脑清醒，思路清晰，有很好的判断力和决断力，但缺乏耐心，容易急躁、发脾气。

5．喜欢画圆形的人

大多对凡事有一定的规划和设计，喜欢按照事先的准备行事。他们多有很强的创造力和很丰富的想象力。

6．喜欢画连续性环形图案的人

多能够将心比心，站在别人的立场上为别人着想。他们在大多数情况下都对生活充满了信心，而且适应能力很强，无论什么样的环境都能很快地融入其中。他们对现状感到满足。

7．喜欢画不规则曲线和圆形图形的人

心胸多比较开阔，心态也比较平和，对环境的适应能力很强，但有点玩世不恭。

8．喜欢画不定型但棱角分明图形的人

多竞争意识比较强。争强好胜，总是希望自己能够胜人一筹，而事实上，他们也在不断地为此而努力，并且可以做出巨大的付出和牺牲。

9．喜欢画尖角的图案或紊乱的平行线的人

表明他的内心总是被愤怒和沮丧充斥着。

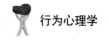

10．喜欢涂写对称图形的人

做事多比较小心谨慎，而且遵循一定的计划和规则。

11．喜欢在小格子中画上交错混乱线条的人

有恒心有毅力，做什么事情都有一股不达目的誓不罢休的劲头。

12．喜欢在一个方格内胡乱涂画不规则线条的人

说明他的情绪低落，心理压力很重，但不会产生悲观厌世的想法，对人生还抱有很大的希望，并会寻找办法解脱自己，朝积极向上的方向努力。

13．喜欢在格子中间画人像的人

朋友很多，但敌人也不少。

14．喜欢写字句的人

多是知识分子，想象力比较丰富，但常生活在想象当中，有点不切合实际。

15．喜欢画眼睛的人

其性格中多疑的成分占了很大的比例。这一类型的人有比较浓厚的怀旧心理。

一笔一画写出真性情

汉字的发明是一个奇迹，而汉字的笔迹与书写者的个性之间更有着神奇的联系。这可从下述不同的角度去认识。

1. 运笔走势

运笔有力，笔力浑厚，说明书写人性格刚强，气魄宏大，并有强烈地支配别人意愿，但这种人往往过于自信或容易自满；运笔协调流利，轻重得当，说明书写人善于思索，爱动脑筋，有较强的理解分析能力，善于随机应变；如果运笔轻浮，说明书写人缺乏魄力和毅力，在生活中常常不能如愿以偿。

2. 书写笔风

如果全篇文字连笔甚多，速度极快，说明书写人充满活力，待人热心，富有感情，并且动作迅速，容易感情冲动；如果全篇文字工笔慢写，笔速缓慢，说明书写人性情和蔼，富于耐心，善于思考，办事讲究准确性和条理性，不善谈吐，但往往有善于

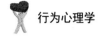

临时发言的才能。

3．字形架构

字体简洁明了，没有花样和怪体，说明书写人比较诚实，办事认真细致，心地善良，能关心他人。如果字体独特，伴有花体和怪体，并夹杂许多异体字和非规范字，则说明书写人有较丰富的想象力和幽默感，但爱吹毛求疵，自我表现欲强，这种人多半多愁善感，很在意外界对自己的看法。

4．外观轮廓

全篇字体大小适中，端正工整，说明书写人平易近人，温柔审慎，行动从容不迫，遇事较为持重。如字体很长，则说明书写人活泼好动，有较强的主动性和自信心。字形很大，甚至不受纸上格线的约束，书写人往往是办事热情、锐气洋溢，并可能在许多方面有所擅长的人，但这种人缺乏精益求精的态度。字形很小，则说明书写人精力集中，有良好的注意力和控制力，办事周密谨慎，看待事物往往比较透彻。

5．大小布局

全篇文字松散而不凌乱，书写人往往是热情大方，不拘小节的人，这种人喜欢直言不讳，善于交际并能与朋友相处，别人征询他的意见时能以诚相见，并能宽恕他人的过失。全篇字迹密集拥挤，则书写人通常沉默孤僻、谨小慎微，不善交际。

6. 字体倾斜的方向

字行习惯向上倾斜，说明书写人是个欢快乐观、力求上进，并总是精神焕发、希望成功的人，这种人往往雄心勃勃，有远大的抱负，并且能以较大的热情和充沛的精力付诸实现。字形习惯向下倾斜或忽上忽下，则说明书写人喜怒无常、情绪不稳定，遇到挫折容易悲观失望。每个单字都习惯向右倾斜，说明书写人比较热情开朗，乐于助人，待人接物均能以诚相待；单字习惯向左倾斜，说明书写人分析力、判断力强，理智能支配感情，不会感情用事。

通过笔迹识别个性，除以上几种识别方法外，还须对上述各个方面进行综合筛选，剔除假象，进行科学的抽象和概括，方可求得对书写人个性特征的完整认识。另外，随着一个人的成长，笔迹会有或大或小的变化，应仔细鉴别。

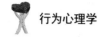

从签名观察对方的性格

名字是一个人的身份代号。古往今来，有多少人想名垂青史，可见人们对自己名字的重视。时至今日，人们的交际圈越来越大，交际也越来越频繁，亮出自己名字的机会越来越多，于是签名成为人们一项重要的交际内容。签名有美有丑，有大气也有小气，千姿百态，让别人不仅获得签名者的个人信息，还把他们的性格读了出来。

1. 名字写得特别大的人

表现欲望强烈，喜欢招摇；注重表面文章，总是将非常多的精力用到衣着打扮上，虽然会给人留下良好的视觉感受，却不会让人对他们念念不忘，因为他们没有办法打动他人的内心。他们总喜欢将众多的任务揽于一身，但是他们的工作成绩暴露出他们的真实面目，那就是他们能力有限。遇到困难显得软弱无能，更有甚者无法善始善终，中途退却，所以他们没有成就大事的可能。

2．名字写得特别小的人

他们的性格与签名特别大的人截然相反，不喜欢在大庭广众抛头露面、惹人注意，既不积极用特别的外表吸引他人的注意力，也不主动向他人打招呼和表示什么。他们对自己没有足够的信心，工作上的表现虽然不是十分积极，但自己的工作都能集中精力来完成，没有很强的功利心，甘于平淡的生活。

3．名字向上的人

通常都有雄心壮志。他们不畏艰辛，坚定执著地朝着自己的理想前进，积极乐观，会想尽办法战胜眼前的困难。他们喜欢荣誉和鲜花，对世间的一切享受非常热衷，这也是他们不懈努力的最终目的。他们可以成就大的事业，同样也会将灾难降临到他人的头上。

4．名字向下的人

通常是消极的等待者或妥协者，总是一副无精打采的样子，犹如大病初愈，又好像经历了什么沉重的打击。他们自信心不足，不敢设计理想，见到他人取得荣誉虽然有时也会热血沸腾，但转眼间又去随波逐流了。

5．名字向左的人

不喜欢按照常规办事，喜欢标新立异和追求不同凡响。如果他们喜欢某个人，就会对其冷酷到底；如果讨厌某个人，

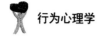

则会热情周到，不亲假亲。他们喜欢表现自我，在陌生人面前直言不讳，而他们认真诚恳又不失幽默的表现会博得大众的喜欢。

6. 名字向右的人

积极乐观，信心十足，总是一副充满朝气、和蔼亲切的样子，在人际交往过程当中经常主动向他人靠拢，别人也会笑脸相迎，和他们愉快地交谈。但这并不是他们成为社交高手的主要原因，他们真正高明之处是"醉翁之意不在酒"，在交往的时候表面热心参与，而实际上置身事外，对全局进行缜密的观察，别人的一举一动几乎都逃不过他们的眼睛，所有的发展变化都在他们的预料当中。

敲门的心理动作符号

敲门是生活和交际中经常出现的动作细节。一般来说，我们到朋友家做客或者进入公司、客户的办公室的时候，都需要用这一动作。这也成了生活中应用得非常普遍的一个动作，通过这一动作细节，我们可以推断出很多有价值的信息。

当听到一个似泰山压顶的敲门声时，我们可以推断出敲门者是一个办事沉稳的人，也是一个非常讲究礼貌的人，他的敲门声往往也表示出他一定是有非常重要的事情要说明。

当听到一个短促凌乱、响若雷鸣的敲门声，常给我们紧张的感觉，这也表明敲门者是一个急躁的人，他的来访不一定有非常重要的事，但是他却表现出非常着急的情形。

当听到一个轻软无力、细若蚊声的敲门声，开始都不一定能够引起我们的注意，这表明敲门的人是一个缺乏自信，怯懦的人，他也许是刚刚入行的推销员，也许是一个想提出请求却

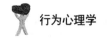

还没想好怎样开口的人。

当听到一个轻柔沉静却富有节奏的敲门声，给人踏实的感觉，既不让人觉得紧张也不会被忽视，这样的人一般都是很文静的人，他们的来访也许只是一般的公事。

当听到一个沉重迟缓的敲门声，会让我们感觉像干裂的木柴，或者干涸的河床，这样的人多半都是很忧郁的，所以他们会在一些细节的动作中，将他们的忧郁无形地传递给他人。

当听到一个迟缓造作、软弱无力的敲门声音，让我们觉得有些烦，这是因为敲门的人往往都是很好虚伪的人，所以在他们的动作中也会处处体现出一些矫揉造作的成分。

当听到一个热烈激昂的敲门声，会给人余音不绝的感觉，我们可以从这个声音中听出会有好事发生，因为这是一个欣喜的人传达好消息的声音。

当听到一个干涩无劲的敲门声，会让我们觉得有一潭死水在那里，这让我们的心情也有些压抑，因为门外是一个非常苦闷的人，也许他是来找我们诉苦的。

当听到清响急脆的敲门声，就像卵石相击那样，我们会明显地感觉到这个人的气势，这时门外也许正站着一位非常好胜的人。

在所有的敲门声音中，干脆利落的声音就像叮咚的泉水，让我们有听觉上的享受，这样的人通常会是一个非常高雅、非常受欢迎的人。

打电话传递的人生态度

　　电话在我们的生活当中占有非常重要的位置。电话几乎达到了每个家庭都必备的程度，电话可以使人与外界进行更好的沟通和交流。一个人使用什么样的电话，在一定程度上表现出他在与人沟通时所采取的一种普遍态度，通过打电话的习惯，可以看出一个人的性格中友善、谨慎的成分有多大，对人是充满爱意还是心怀敌意。

　　1．从喜欢的电话类型上看

　　有的人使用的是标准黑色电话，这样的人生活多很节俭，从来不会乱花一分钱。他们对人有一定的戒备心理，并不会轻易地就相信谁，即使给予他人关心和帮助，也会在证实对方确实需要自己的关心和帮助之后才会给予。他们说话做事干脆、果断，说到做到，拿得起也放得下，从不拖泥带水，而且在任何情况面前都能保持冷静。他们大多没有特别体面的装束，他

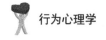

们喜欢朴素的穿着。

有的人喜欢壁挂式电话，这样的人多具有较充沛的精力，他们可以在同一时间内做几件事情，而且这几件事情都能做得很好。他们社交能力很强，也有良好的人际关系。他们在与人交往方面要花费很大一部分的时间和精力，但这并不影响他们对家庭所负的责任和义务，他们能够做到两者兼备。

有的人喜欢用公主型的电话，这样的人大多有浪漫情感。他们大多小时候娇生惯养，所以在长大以后会比较任性。他们多有较强的虚荣心，喜欢被好听的话和漂亮的东西包围着，而且还好做白日梦，生活有些不切合实际。但他们对生活的态度还是比较积极和乐观的，活得比较快乐。他们乐于把自己的快乐传递给别人。他们大多思维单纯，为人处世不圆滑。

有的人喜欢能够记录电话号码并且能够自动拨号的电话。这样的人多有比较强的依赖心理，总是希望有人能够帮助自己解决一些问题。他们面对压力的时候，常常会有退缩的念头产生。他们的生活总是显得特别忙碌，虽然十分珍惜时间，但到最后却往往见不到什么成效。

有的人喜欢免提电话，这样的人通常希望自己生活的空间是相当自由和开阔的，狭小或是密闭型的地方，总会让他们感到很不自在。他们在很多时候会保持积极和乐观的生活态度，而且脾气很好，从来不会轻易动怒，对他人富有耐性，较能容忍。

按不同的键会由不同的电子音符奏出不同的音乐，喜欢这种类型电话的人多是易冲动，脾气较暴躁，没有多少耐性的人。

有的人喜欢隐藏式电话，这样的人多比较冷淡和漠然，并不希望与他人有过多的接触，他们不想让他人真正地走近和了解自己，所以在通常情况下都会隐藏自己的真情实感，而把一个虚假的自己呈现在他人面前。

有的人喜欢样式非常奇特的电话，这样的人在很多时候，很多方面都会显得与这个社会整体格格不入，他们言谈举止显得非常古怪和唐突，常常让人感觉无法接受。但是他们却较富有同情心，乐于与人交往，在紧急时刻，应变能力也比较强。

有的人喜欢无绳电话，这样的人多自主意识比较强，从来不希望被任何一件事情捆绑住手脚，这样他们就可以自由自在，随心所欲地想干什么就干什么。他们似乎永远都没有安静下来的时候，总是忙忙碌碌的。这种人往往很精明，懂得如何远离是非。

2. 从抓握电话听筒的方式上看

双手提话筒的人，对暗示很敏感，易受外界的影响。这样握听筒的女性，一谈起恋爱来，很容易受爱人的影响，性格也会随之起变化。这样握听筒的男性，大多会有一些女性气质，对于一些细微的事情，往往也会左思右想，优柔寡断，不知如何是好。

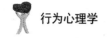

让话筒与耳朵保持一定距离的人，这样的女性，其行动力和社交活动能力往往是相当强的，并且有很强的自信心，十分好胜，也很希望周围的人能够注意她。但是，这样的女性一旦遇到她所倾爱的男性时，则会一改以往任性的性格。这样握听筒的男性比较少见。

边通话边玩弄电话线的人，多见于女性，她们比较喜欢空想，一方面多愁善感，另一方面又有倔强的脾性，她们在电话中一说起来常常会没完没了。这样的男性较少见。

紧抓话筒下端的人，在男性中较多，他们大都性格干脆、做事爽快；这样握听筒的女性，往往对事物的好恶十分明显，且固执到底。遇事全凭自己的好恶，一点也没有通融的余地，因而不大讨男性的喜欢。

抓紧话筒上端的人，女性较多，这样的女性有一种歇斯底里的特征，只要有一点小事不合心意，就会大发脾气，情绪改变非常快，所以与周围人的关系常常很紧张。这种女性与异性相处时，爱怎么样就怎么样，往往使对方束手无策，陷入困难的处境；而这样握听筒的男性，常常因为头脑灵活，善于应变，而有良好的人际关系。

打手机打出来的性情

利用手机进行人际关系的交流，已经是现代人不可或缺的沟通方式。

由于手机与面对面的沟通不同，所以我们可以从一些打手机的小习惯中归纳出人的心理。

1．悠闲舒适型

打手机时舒服地坐着或躺着，一派悠闲自得。这类人多生性沉稳镇定，泰山崩于前而色不改。

2．以笔代指型

习惯用指示笔代替手指去拨号码的人，通常性格急躁，经常处于紧张状态，不让自己有片刻的休息。

3．边走边谈型

打手机时从不坐定在同一地方，喜欢绕着室内踱步的人，通常好奇心强，喜欢新鲜事物，讨厌任何刻板的工作。

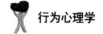
4．一心二用型

打手机的同时并进行一些琐碎的工作，如看书、整理文具等。这类人多富进取心，爱惜光阴，分秒必争。

5．信手涂鸦型

打手机的同时在纸张上信笔乱画的人，往往具有艺术才能和气质，想象力丰富但不切实际。天性乐观的个性，使他们经常可以轻易渡过一切困难。

6．紧抓手机型

打手机时紧紧握住机身的人，生性外圆内方，表面看似怯懦温驯，实则个性坚毅，一旦下定决心，绝不轻易改变。

7．平淡无奇型

打手机时无特殊习惯，一切动作均出于自然，这类人多生性友善，富有自信心，对自己的生活操控自如，能屈能伸。

驾车爱好体现秉性爱好

一个人控制汽车的方式和控制自己的方式，有许多相似之处。如果把车子视为一个人肢体的延伸，那么开车的方式，就是肢体语言的机械化身。一个人在方向盘后的举动，反映出他的秉性与爱好。

1. 按规定速度开车的人

对他们而言，开车不过是为了带他们到要去的地方而已，而不是一种真正快乐或刺激的经验。他们守法，尽自己应尽的义务，绝不少报所得税，通常以平稳、容易控制的速度开车。他们做任何事情都是中庸的态度，即使有很大的把握，也不会骤然冒险。他们为人可靠不马虎，可能很适合在政府机关上班。

2. 行车速度比规定速度慢的人

坐在方向盘后面令他们觉得害怕，觉得无法操纵一切。他

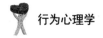

们总是避免把东西放在自己手里，如果有人授权给他们，他们立刻把权限缩至最小。他们嫉妒他人不断超越他们，而他们胆小怕事的个性也令他们的家人、朋友失望。

3. 超速行驶的人

不会受制于任何人。他们很积极，而且憎恨权势。他们不允许他人为他们设限，如果有人企图这么做，他们会用极端而且可能很危险的方法，来维护自己的独立自主。他们的父母和老师很有可能都十分严格，而这是他们发泄心中怒气的唯一方法。

4. 大声按喇叭的人

在现实生活中，他们喜欢尖叫、大喊、发脾气；在马路上，他们则使劲按喇叭。他们面对挫折的应变能力极差，经常觉得受别人的威胁。他们通常以一连串的高声谩骂，来表达心中的焦虑和不安，发怒的程度完全和刺激他们生气的原因不合。他们做事无效率、无能力，即使什么也没干，却总是显得匆匆忙忙。

5. 开车不换挡的人

希望所有事情都安排得好好的。他们比较喜欢寻找自己的生活方式，即使有时候这么做遭遇的困难比较多，他们也很少向他人请教。可能不需要别人告诉他们该怎么做，常常是他们告诉别人该怎么做。他们是一位实践家，凭直觉行事，而且喜欢把事情揽在自己身上。绿灯一亮，抢先往前冲。凡事比别人抢先一步是他们生存的方式，他们喜欢胜利的感觉，因为他们不想被烙上失败者的标记。他们已经学会积极，有竞争力，才能够成功。只要有一条线，他们总是第一个站在线上的人。他们不是向前看，而是向后看——别人离他们还有多远。

6．绿灯亮后，最后发动车的人

因为这样很安全，有保障，用不着和他人争吵。没有人会伤害他们，他们让别人挤破头去拿第一。他们早已学到，只要不锋芒毕露，就不会遭人拒绝或被人伤害。他们把这个观念也用在其他地方，让他人先走，他们就不必与之竞争了。

7．习惯坐后座的人

他人的成就令他们有被威胁之感，因为他们害怕自己想贡献心力时，不为他人信任与接受。他们喜欢别人依赖他们，希望在他们做决定之前，先来问问他们的意见。他们需要一再证明自己的重要性。

8．不学开车的人

不学开车使他们置身于依赖和无助的情境中。这增加了他们的自卑感，因为他们受制于他人。在他们生活的各个领域中，他们也是习惯退居积极者的背后。他人对他们的评价驾驭着他们的一举一动。

9．永远没有驾照的人

擅长告诉别人他们要怎么做，但做出来的成果，却往往与

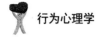

他们所说的相去甚远。不过，只要有足够的刺激，他们最后还是会把事情做完。他们把自己想象成赢家，但心中却暗自害怕会输。他们天花乱坠的言辞可能说得斩钉截铁，但他们的行为却消极得很。他们的拖延战术，不但已经变成了一种再自然不过的行为，而且已经形成了一种模式。

运动方式反映个人情趣

如果一个人选择了某种运动，那么他所选择的养生之道中便透露出他在身心两方面的需求，展现了他的个性。

1．去体育馆或健身俱乐部

只要不是一个人受苦，他并不反对为了锻炼身体和维持健康而受苦。他喜欢有人陪他一起受苦，这样运动完后，在蒸气房里，就有伴可以互相怜惜。

2．在家庭器材上运动

广告使他相信，这类运动不需要费多少力气，就能够达到真的运动的效果。不过，他很快就会发现，只有广告里的模特儿，才有办法边运动边露出笑容。他的运动器材，现在摆在大厅里迎接灰尘。

3．喜欢竞走或慢跑

他讨厌跟随人群，偏爱展露自己特殊的品位。如果正好有

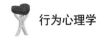

一种时尚流行，比如慢跑，他一定会另外找个新花样。他的行为经常不符合传统。

4.喜好散步、走路

他对需要紧急完成的计划没兴趣，不喜欢马拉松赛跑或吸引他人注意；他是一个有耐心的人，有信心面对一切事物。

5.喜欢骑自行车

他比慢跑的人更懂得经济运动学，因为他晓得如何以同样的能量走更远的路。此外，他还可以坐着运动大腿。爱好自行车的他，不像爱慢跑的人那么死板，他一般不设定路线（慢跑的人通常都顺着同一条路线跑）。

6.喜欢做瑜伽

瑜伽与外在身体及内在器官的流畅性有关，尤其和脊椎顺畅与否更是关系密切。喜爱练习瑜伽的他，深刻体会到呼吸是控制自己生命的一种方法，也了解冥想和体力的发挥是同样重要的。在一般情况下，倒立有助于拓展视野，使他对事情的看法更透彻圆融。

7.边做事边运动

如果他在除草时做弯膝盖的动作，煮菜时伸手去拿香料，或在扫灰尘时做运动，那他是一个想象力丰富的人，是一个会让现实的工作变得有挑战性、值得去做的天才。他可能不太喜欢做家务，但他没有抱怨，反而把做家务的过程，转变为一种自我修养、自我改进的训练。别人想使他觉得厌烦、无聊，恐怕是一件很难的事。不过，如果他想使别人觉得厌烦、无聊，倒是易如反掌。

8．不喜欢运动的人

如果他知道自己的身材已经完全走样了，恐怕会心脏病发作。即使到这个时候，他仍然相信医学科技，可以把他修理得像以前一样完好如新。危机的降临是突如其来的，他实在不擅长训练自己，只好强迫他人来训练他。所以，他虽然不慢跑，但却是第一个跑去看医生的人。

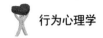

行为心理学

休闲嗜好显示情趣心理

据专家分析，不同的休闲嗜好显示不同的性情与心理。

1. **选择看电影**

这类人多是喜爱猎奇，期望一生中多姿多彩。平凡的生活会令他厌倦。

2. **选择园艺**

喜欢种花养草的人，必是个信奉"一分耕耘，一分收获"的人，园艺能给他十分实际的收益。

3. **选择听音乐**

这种人是经常需要激励的，音乐是最好的刺激，就像给缺乏活力的人充电一样。

4. **选择钓鱼**

个性冷静而善谋略，耐性是这种人的特长，而且希望获得报酬，愿意长时间耐心地等待。无论做任何事情，都主张以谈

184

判方式进行，不崇尚暴力。即使他对任何人有什么不满，也不会形之于外，只会藏在自己心底深处。

5. 选择舞蹈

喜欢跳舞的人，对自己的身体抱着一种圆融的态度。为了展现优美的舞步，同时培养耐力，他除了注重肌肉的力量外，还特别在意体态的优雅，他不排斥做一些别人觉得既繁重又乏味的工作，因为他懂得把工作当作游戏的诀窍。

第 10 章

一本不正经的怪诞行为心理

用针扎自己是一种快感？只有伤口才能让心平静下来？疯疯癫癫却又自我陶醉？敏感多疑，老是怀疑别人居心不良？自命不凡又自轻自卑……生为万物灵长的我们，行为有时就这么荒诞不经、不可思议！

理智向左，疯狂向右。揭开怪诞行为背后的心理根源，撕开生活的假面伪装，驾驭非理性，做生活掌舵手！

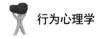

自虐，痛并快乐着

自虐，简单来说就是自己虐待自己，包括身体上的虐待和精神上的虐待。身体上的虐待有自伤、自杀等，精神上的虐待比较隐秘，不易觉察，例如不良的生活习惯，抽烟、酗酒，让自己彻夜工作，不眠不休，或者在人际交往中故意自取其辱，或者在工作上自毁前程。

自虐行为按照人们接受的意愿可以划分出主动型自虐和被动型自虐两种。

主动型自虐是自己虐待自己，自己动手折磨自己。性偏离中的自虐狂，为了追求瞬间的快感，在手淫时，自己勒紧颈部使自己处于轻度窒息状态，以增加性快感，最后可能导致"性缢死"。还有吸食毒品、吸烟、酗酒等等均属于自找痛苦的行为。还有的就是用小刀在皮肤上割几刀，求暂时的快感。

被动型自虐是指自己被迫同意自己伤害自己的虐待行为。

事实上，绝大多数的自虐是在受虐者无意识地、非心甘情愿地或被逼迫胁从的情况下进行的自虐行为。

也可以说，受虐者迫于某种利益、习俗或权势的诱惑威胁，不得不接受的自虐。这些自虐，实质上存在"他虐"的成分，是属于变相的自虐行为。

自虐者多数对自己不认同，有对自己进行惩罚的意思，并且用其他的方法很难摆脱，他们获得的是精神上的快感，自虐者不敢说"不"或是"痛"。而自残和自律是带有一定的目的性的，是为了达到某种目的或是目标而暂时需要承受的痛苦。

裴女士自从和丈夫离婚后，总觉得自己什么都干不了，认为离婚过错完全在于自己，终日郁郁寡欢。一次她在做针线活时，无意中用针扎了自己一下，当时她感到这种感觉很美妙，让她觉得很舒服。

于是每隔几天，她就用针扎自己。时间长了，她感到光扎针也不过瘾了，于是她就尝试着把第一根针埋到体内，她感觉针在自己体内的感觉比针刺更好，就这样，每隔五六天，她就把一根针埋到自己的体内，直到最后一根针扎到她的坐骨神经上，不能让她正常走路，她才到医院进行治疗。当时她的体内已经埋下了30多根针了。

一些人是知道自己有自虐心理或倾向的，自虐的人从来都不会向他人透露自己的心声，有些人担心他人知道后，会笑话

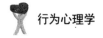

或是不理解他们的做法，遭到他人的异议。因此，他们总是在默默承受着自虐带来的快感。像裴女士这样的患者，要不是因为针影响了她的正常生活，她是不会向他人求救的。但作为家人或是朋友要在发现问题后，及时帮助患者走出这种不良的心理状态。

只有伤口才能让心静下来

所谓自伤，就是有意识地以种种方式伤害自己的身体。故意在自己身上造成损伤，损伤部位可以自己达到，且多为机械伤，方向一致，范围较集中。其目的只是损伤自己的身体而不是要结束自己的生命。自伤的方式不同，可用刀或其他器械切割，或者吞食异物。在精神障碍病人中，自伤也很常见，其原因可能与病人的认知功能或精神症状（如幻觉、妄想、抑郁、焦虑等症状）有关。

有一些人在遇到挫折打击的时候会选择自伤，比如用尖刀划伤自己、用头撞墙，用烟头烫、不吃饭、不睡觉、用针扎，或者以其他的方式伤害自己，这些都属于自伤行为。

自伤行为一般持续多年。可多次发生自伤行为，方式呈多样化，但致死性低，大多伴有情绪焦虑或不稳定。具体来说：

（1）言语中有意无意表现出想死的念头，或谈话内容常以

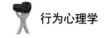

"死亡"为主题。

（2）情绪不稳定，多数伴有憎恨自己，感到沮丧，有被抛弃感，或者抑郁、愤怒等。绝望、焦虑、愤怒及认识狭隘是主要的心理状况。

（3）实施自伤时的故意性。也就是说个体对所采取的自伤行为应该是有意识的，而非在自动的、无意识的情况下发生的。

（4）自伤直接造成对身体的伤害，并非像抽烟、酗酒一样过段时期才表现出来。

（5）自伤损害的程度有限，且具有重复性。应对身体造成轻微或中度的伤害，而重大、致命性的伤害应排除在外。

（6）无自杀动机，不是要造成自己死亡的严重后果。虽然自伤的个体偶尔也会出现自杀意念，但他们还是能够清楚地意识到自我伤害行为不同于自杀。

自伤是自我发泄比较极端的一种方式，用自身的痛苦来麻痹外界带来的痛苦。它甚至是一种想活下去的呐喊。希望自己藉由这些方法，摆脱纠缠不去的不愉快感觉。自伤的危害是非常大的。同时，在心理上的影响也是非常大的。它会造成自伤者的一种依赖心理。当遇到痛苦的时候，会依赖于用自身的痛苦来抵御外界的痛苦。

自伤行为的产生与个体的个性特征有着密切关系。有些患者因有强迫性格或太过追求完美主义而自伤；另有些依赖性格过重，会以自伤行为来吸引别人的重视。自伤者多认为自己是无能的，自认为有缺陷或是能力不足，他们觉得情感上没有人可以依赖或信任，给人的印象总是紧张害怕。而为了缓和持续不断的紧张害怕，自伤者经常背负着深沉的愧疚感，怕别人视自己为危险人物或极度厌恶自己，这些害怕带来经常且毫无根据的愧疚感。此外，自伤者对情绪的痛苦是极端敏感的，他们无法信赖别人，宁可选择自己来掌控体验伤痛的过程，以及伤痛之后留下的麻木感。疼痛与自我伤害就是为了产生宽慰与安全感。

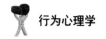

自杀，生命不能承受之重

自杀是指个体在复杂心理活动作用下，蓄意或自愿采取各种手段结束自己生命的行为。自杀作为一种复杂的社会现象，学者们对其分类有不同的看法。

心理学家把自杀分为情绪性自杀和理智性自杀两类。

情绪型自杀常常由于爆发性的情绪所引起，其中有由委屈、悔恨、内疚、羞惭、激愤、烦躁或赌气等情绪状态所引起的自杀。此类自杀进程比较迅速，发展期短，甚至呈现即时的冲动性或突发性。

理智性自杀不是由于偶然的外界刺激唤起的激情状态导致的，而是由于自身经过长期的评价和体验，进行了充分的判断和推理以后，逐渐地萌发自杀的意向，并且有目的、有计划地选择自杀措施。因此，自杀的进程比较缓慢，发展期较长。

自杀行为的形成相当复杂，涉及生物、心理、文化及环境因素，根据精神医学研究报告，自杀的人70%有抑郁症，精神疾病者自杀几率更高达20%。

在社会环境因素中，社会的脱序现象，如暴力、犯罪、毒品、离婚、失业等，以及个别情况因素中的家庭问题、婚变、失落、迁移、失业、身体疾病、其他自杀事件的影响与暗示等，都是影响自杀的成因。研究显示任何单一因素都不是自杀之充分条件，只有当它们和其他重要因素合并发生时才发生。

在自杀行为发生前，病人于脑海中围绕着对死亡的看法，是不会动了、是不会回来了、是愉快的、不愉快的、是可逆的、不可逆的等，影响对自己、对未来、对社会的判断，是有价值的、无价值的、是有希望的、无希望的等，并会以文字、语言或行为来表达"想死"的企图。

自杀不是突然发生的，它有一个发展的过程。日本学者长冈利贞指出，自杀过程一般经历：产生自杀意念→下决心自杀→行为出现变化+思考自杀的方式→选择自杀的地点与时间→采取自杀行为。对于不同年龄、不同个性、不同情境下的人，自杀过程有长有短。

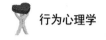

疯疯癫癫的精神"出轨"

精神分裂是以基本个性改变，思维、情感、行为的分裂，精神活动与环境的不协调为主要特征的一类最常见的精神病行为，属于重型精神病。不同类型、不同阶段的精神分裂症患者行为和言语表现会有很大差别，但它均具有特征性的思维、情感、行为的不协调和脱离现实环境的共性特点。

患有精神分裂症的人，思维散漫或分裂，缺乏具体性和现实性。病人的言语或书写中，语句在文法结构上虽然无异常，但语句之间、概念之间，或上下文之间缺乏内在意义上的联系，因而失去中心思想和现实意义。有时逻辑推理荒谬离奇或表现为中心思想无法捉摸，缺乏实效的空洞议论。严重时言语支离破碎，甚至个别词语句之间也缺乏联系，即破裂性思维。

患有精神分裂症的人，活动减少，缺乏主动性，行为被动、退缩，即意志活动减退。病人对社交、工作和学习缺乏要求：不主动与人来往，对学习、生活和劳动缺乏积极性和主动性，行为懒散，无故不上课，不上班。严重时终日卧床或呆坐，无所事事。长年累月不理发、不梳头，口水含在口内也不吐出。

有些病人吃一些不能吃的东西，如吃肥皂、昆虫、草木，喝痰盂水，或伤害自己的身体（意向倒错）。病人可对一事物产生对立的意向（矛盾意向）。病人顽固拒绝一切，如让病人睁眼，病人却用劲闭眼（违拗）。或相反，有时病人机械地执行外界任何要求（被动服从），任人摆布自己的姿势，如让病人将一只腿高高抬起，病人可在一段时间内保持所给予的姿势不动（蜡样屈曲），或机械地重复周围人的言语或行为（模仿言语、模仿动作）。有时可出现一些突然的、无目的的冲动行为：如一连几天卧床不动的病人，突然从床上跳起，打碎窗上的玻璃，以后又卧床不动。

调查研究表明，精神分裂症患者只是一群弱势群体，绝大多数精神分裂症患者并非有严重的暴力倾向，甚至会令人觉得同情和怜悯。精神分裂症患者并不比社会上的任何人更具有暴力倾向，之所以人们会形成对其的误解，往往是来自一些负面的新闻报道或影视作品的影响，诸如精神病人自残或残杀他人等信息，在这些作品里往往会将精神分裂症患者夸大地描述成一个残暴的、不可理喻的精神病狂魔。正因为如此，精神分裂

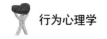

症患者也往往会受到社会和家人的漠视，遭受辱骂或殴打、禁闭等虐待，孤独地承受着精神的痛苦和折磨。

　　精神分裂症的病因目前尚不甚明确。有很多人觉得"窝在家里不愿意出门就是精神分裂的开始"，其实不一定是这样。如果觉得自己有上述症状并怀疑自己得了精神分裂症，一定不要惊慌，要去找专家咨询并检查。

荒诞乖戾的歇斯底里行为

歇斯底里是由精神刺激或不良暗示引起的一类神经精神障碍行为，大多发病突然，可出现感觉、运动和植物神经功能紊乱，或短暂的精神行为异常。

歇斯底里行为的最大特点是做作、情绪表露过分，总希望引起他人注意，经常感情用事，用自己的好恶来判断事物，喜欢幻想，言行与事实往往相差甚远。

歇斯底里行为障碍的表现一般有以下几个方面：

1. 喜欢引人注意，情绪带有戏剧化色彩

这类人常常喜欢表现自己，而且有较好的艺术表现才能，唱说哭笑，演技逼真，具有一定的感染力。有人称他们为伟大的模仿者、表演家。

这类人常常表现出过分做作和夸张的行为，甚至装腔作势，以引人注意。

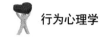

2. 高度的暗示性和幻想性

这类人不仅有很强的自我暗示性，还带有较强的被他人暗示性。常常依照别人对自己的评价行事，她们常好幻想，把想象当成现实，当缺乏足够的现实刺激时便利用幻想激发内心的情绪体验。

3. 情感极其容易发生巨大变化，容易有情绪起伏

这类人情感丰富，热情有余，而稳定不足；情绪炽热，但不深厚，因此他们情感变化无常，容易情绪失衡。对于轻微的刺激，可有情绪激动的反应，大惊小怪，缺乏固有的心情，情感活动几乎都是反应性的。由于情绪反应过分，往往给人一种肤浅，没有真情实感和装腔作势甚至无病呻吟的印象。

4. 常常视玩弄别人为达到自我目的的手段

玩弄多种花招使人就范，如任性、强求、说谎欺骗、献殷勤、谄媚，有时甚至使用操纵性的自杀威胁。他们的人际关系肤浅，表面上温暖、聪明、令人心动，实际上完全不顾他人的需要和利益。

5. 高度的以自我为中心

这类人喜欢别人的注意和夸奖，只有投其所好和取悦一切时才合自己的心意，表现出欣喜若狂，否则会攻击他人，不遗余力。此外，此类患者还有性心理发育的不成熟，表现为性冷淡或性过分敏感，女性患者往往天真地展示性感，用过分娇羞

样的诱惑勾引他人而不自觉察。

　　这类人如果不能正视自己的缺陷，自我膨胀，放任自流，就会处处碰壁，导致病情发作。要想纠正歇斯底里行为，关键在于提高认识，了解自己人格中的缺陷，扬其长避其短，以适应社会环境。

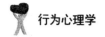

自命不凡的偏执狂

偏执行为是指因敏感多疑、极端自负、自尊心强而导致的极端固执的观念和行为状态。

偏执型行为特点主要表现为：

（1）极度的感觉过敏，对侮辱和伤害耿耿于怀。

（2）思想行为固执死板，敏感多疑、心胸狭隘。

（3）爱嫉妒，对别人获得成就或荣誉感到紧张不安，妒火中烧，不是寻衅争吵，就是在背后说风凉话，或公开抱怨和指责别人。

（4）自以为是，自命不凡，对自己的能力估计过高，惯于把失败和责任归咎于他人，在工作和学习上往往言过其实；同时又很自卑，总是过多过高地要求别人，但从来不信任别人的动机和愿望，认为别人心存不良。

（5）不能正确、客观地分析形势，有问题易从个人感情出发，主观片面性大。

（6）如果建立家庭，常怀疑自己的配偶不忠等等。有这种行为的人在家不能和睦，在外不能与朋友、同事相处融洽，别人只好对他敬而远之。

行为偏执的人总是将周围环境中与己无关的现象或事件都看成与自己关系重大，是冲着他来的，甚至还将报刊、广播、电视中的内容跟自己对号入座。尽管这种多疑与客观事实不符，与生活实际严重脱离，虽经他人反复解释也无从改变这种想法，甚至对被怀疑对象有过强烈的冲动和过激的攻击行为，从一般的心理障碍演绎成精神性疾病。

具有偏执行为缺陷的人，如果不能及时、主动地矫正自己的性格缺陷和心理障碍，则会因环境变化、人际关系紧张、工作生活不顺心，加上激烈的精神刺激等因素，而诱发为精神疾病，甚至对家人和社会造成损害。

一个人生活在复杂的大千世界中，面对着各种冲突纠纷和摩擦是难免的。这时必须忍让和克制，不能让敌对的怒火烧得自己晕头转向，以免影响自己的正常生活和工作。发觉自己有偏执倾向时，要尽快采取各种措施消除自己的不良倾向。

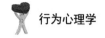

就是要和现实拧着来

被动攻击型行为是一种以被动方式表现其强烈攻击倾向的缺陷行为。简单地讲就是用消极的、恶劣的、隐蔽的方式发泄自己的不满情绪，以此来报复和攻击令他不满意的人或事。

被动攻击型行为的主要特征是：

（1）消极地拒绝完成一般的社会或职业工作。

（2）抱怨别人误会自己、不欣赏自己。

（3）闷闷不乐，好争吵。

（4）毫无道理地批判、嘲讽权威。

（5）对那些看起来比自己幸运的人表现出嫉妒和愤恨。

（6）说话时声音夸张，不断抱怨自己的不幸。

（7）表现出不友好的蔑视后会后悔，但下次还会再犯。

患有被动攻击型行为人固执己见，对别人的任何要求采取耽搁、伪装遗忘、拖沓等手段，使之效率低下，以此来表达不满和愤懑情绪，使人感到有一种被动的阻力和攻击性的敌对心态。

这种人敷衍、抱怨、反对、磨蹭、"忘事"，对主动来帮忙的人冷嘲热讽。随后，他们感觉被生活耍了，因为他们觉得生活本应更厚待自己。他们在内心生活和现实生活中都经历着怨恨和不快，但是他们看不见，正是他们自己的人格使他们离幸福的大道越来越远。最普遍的表现形式是对让其尽职尽责的合理要求不以为然、消极抗拒。

患有被动攻击行为的人有很多心理问题。其中最主要的一点就是不能用恰当的、有益的方式表达自己的不愉快的情感体验。尽管他们知道该如何与别人沟通，但是却极不愿意去做。明明有很多不满和怨恨的情绪，却又不愿坦坦荡荡、大大方方地表达出来，而是采取只有他自己才清楚的、将事情越弄越糟的"宣泄"方式获得某些心理平衡。这种不健康的心理行为如不及时纠正，将会严重地害人、害己、害集体。我们应该充分认识它，并及早预防、干预、矫正。

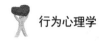

躲躲闪闪究竟为哪般

回避型行为又叫逃避型行为，最大特点是行为退缩、心理自卑，面对挑战多采取回避态度或无力应付。

美国《精神障碍的诊断与统计手册》中对有回避型行为人的特征描述如下：

（1）敏感羞涩，害怕在别人面前露出窘态。

（2）很容易因他人的批评或不赞同而受到伤害。

（3）除非确信受欢迎，一般总是不愿卷入他人事务之中。

（4）除了至亲之外，没有好朋友或知心人（或仅有一个）。

（5）行为退缩，对需要人际交往的社会活动或工作总是尽量逃避。

（6）心理自卑，在社交场合总是缄默无语，怕惹人笑话，怕回答不出问题。

在做那些普通的但不在自己常规之中的事时，总是夸大潜在的困难、危险或可能的冒险。

有回避型行为的人被批评指责后，常常感到自尊心受到了伤害而陷于痛苦，且很难从中解脱出来。他们害怕参加社交活动，担心自己的言行不当而被人讥笑讽刺，因而，即使参加集体活动，也多是躲在一旁沉默寡言。在处理某个一般性问题时，他们往往也表现得瞻前顾后，左思右想，常常是等到下定决心，却又错过了解决问题的时机。在日常生活中，他们多安分守己，从不做那些冒险的事情，除了每日按部就班地工作、生活和学习外，很少去参加社交活动，因为他们觉得自己的精力不足。这些人在单位一般都"被领导视为积极肯干、工作认真的好职员"，因此，经常得到领导和同事的称赞，可是当领导委以重任时，他们却都想方设法推辞，从不接受过多的社会工作。

回避型行为形成的主要原因是自卑心理，心理学家认为，自卑感起源于人的幼年时期，由于无能而产生的不胜任和痛苦的感觉，也包括一个人由于生理缺陷或某些心理缺陷（如智力、记忆力、性格等）而产生的轻视自己、认为自己在某些方面不如他人的心理。

此外，生理缺陷、性别、出身、经济条件、政治地位、工作单位等等都有可能是自卑心理产生的原因。这种自卑感得不到妥善消除，久而久之就成了人格的一部分，造成行为的退缩和遇事回避的态度，形成回避型行为障碍。

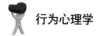

有这类行为的人，要善于发现自己的长处，肯定自己的成绩，不要把别人看得十全十美，把自己看得一无是处，认识到他人也会有不足之处。只有提高自我评价，才能提高自信心，克服自卑感，克服回避行为。

另一个世界里的独行侠

有些人常常觉得自己是茫茫大海上的一叶孤舟，性格孤僻，害怕交往，莫名其妙地封闭内心，或顾影自怜，或无病呻吟。他们不愿投入火热的生活，却又抱怨别人不理解自己，不接纳自己。心理学中把这种心理状态称为孤独心理，把因此而产生的一种感到与世隔绝、孤单寂寞的行为称为孤独型行为。

孤独是由于自己与他人的空间距离或心理距离（后者的作用更重要，随着科学技术的发展，各种通讯手段的应用已经使空间无法成为阻碍人们交流的鸿沟了）而感到交流困难，由此产生的心理障碍和行为异常。

每一个人都是一个独立的个体，都有属于自己的经历、体验和意识，当一个人过于沉浸在自己的意识中，渴望自己的内心被他人理解又发现很难与他人交流的时候，便产生了精神上

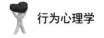

的孤独和行为上的孤僻。

孤独的人有不同的表现，有的人很自卑，对自己的主观评价过低，觉得别人都不愿意与自己交流，为了满足自己维护与保全自尊的主观愿望，他们自觉或者不自觉地将自己封闭起来，最终自陷孤独境地。

有的人恰恰相反，很自傲，对于自己的主观评价过于高了，认为身边的人都过于平庸而不配与自己交往，其结果只能是落得孤芳自赏，孤家寡人，陷入了孤独的境地。

还有一种人，他们对自己的评价就是"弱者"，他们认为自己是弱势的一方，于是在生活的各个方面都"自觉"地认为自己将是受呵护受照顾的，如果缺乏主动的关心和照顾，他们脆弱和多愁善感的一面便展现出来了，觉得别人都没有理会自己，从而陷入了孤独境地。

孤独会使人产生挫折感、狂躁感，令人心灰意冷，严重的还会厌世轻生。

要纠正孤独行为，你得要学会关心别人。如果你期望被人关心和喜爱，你首先得关心别人和喜爱别人。关心别人，帮助别人克服了困难，不仅可以赢得别人的尊重和喜爱，而且，由于你的关心引起了别人的积极反应，也会给你带来满足感，并增强了你与人交往的自信心。另外要学会一些交际技能。如果你在与人交往时总是失败，那么由此而引起的消极情绪当然会影响你的合群性格。如果你能多学习一点儿交往的艺术，自当有助于交往的成功。

　　例如，多掌握几种文体活动技能，如跳舞、打球之类，你会发现自己在许多场合都会成为受别人欢迎的人。